北京市科学技术协会科普创作出版资金资助

米树华　张文建　沈国清　等编著

多彩的发电

中国电力出版社
CHINA ELECTRIC POWER PRESS

内 容 提 要

现代社会生产和生活离不开电，人们习惯了理所当然地享受无处不在的电带来的舒适和便捷，但是大部分人不知道电从哪里来。本书向大众普及发电知识，全面系统梳理电的生产形式和原理，并加入"小贴士""趣味实验"和二维码扩展阅读，激发读者对多种多样发电的兴趣，引导读者在日常生活中养成绿色、节能、低碳的意识和习惯。

本书主要包括四个部分内容。一是"追本溯源"话发电，介绍电的科学发展史，厘清和电相关的概念，讲述人们对电的发现、利用和规模化生产的历程。二是"丰富多彩"的发电，介绍目前主要的发电形式，例如火力发电（燃煤发电、燃油发电和燃气发电），水力发电，风力发电，太阳能发电和核能发电，讲述各种能量之间的转换关系并解答公众关注的热点问题。三是"锦上添花"的发电，介绍目前尚处于小规模的发电形式，启发读者合理利用资源并对能源综合利用进行思考。四是"畅想未来"的发电，介绍一些处于探索阶段的发电方式，通过畅想未来的发电形式启发读者的想象力和创造力。

图书在版编目（CIP）数据

多彩的发电 / 米树华等编著 .—北京：中国电力出版社，2019.10
ISBN 978-7-5198-3773-0

Ⅰ.①多…　Ⅱ.①米…　Ⅲ.①发电－普及读物　Ⅳ.① TM6-49

中国版本图书馆 CIP 数据核字（2019）第 225549 号

出版发行：中国电力出版社
地　　址：北京市东城区北京站西街 19 号（邮政编码 100005）
网　　址：http://www.cepp.sgcc.com.cn
责任编辑：谭学奇　韩世韬
责任校对：黄　蓓　郝军燕
版式设计：锋尚设计
责任印制：吴　迪
印　　刷：北京瑞禾彩色印刷有限公司
版　　次：2019 年 12 月第一版
印　　次：2019 年 12 月北京第一次印刷
开　　本：710 毫米 ×1000 毫米　16 开本
印　　张：13
字　　数：202 千字
印　　数：0001-5000
定　　价：118.00 元

多彩发电
点亮现代化之路

当地时间 2003 年 8 月 14 日下午 4 时，美国纽约市曼哈顿地区率先发生大停电，并迅速蔓延到用同一供电网络的底特律、波士顿和加拿大首都渥太华、商业中心多伦多等城市，停电区域约 24000 千米^2，涉及人口 5000 多万人。一时间，地铁、电梯、空调停止运行，成千上万的人同时用手机打电话导致移动网络崩溃，机场因无法顺利进行安检而陷入瘫痪，而被迫关闭的炼油厂、汽车制造厂更是损失惨重。据估计，本次"8·14 美加大停电"共造成经济损失 250 亿 ~ 300 亿美元。

"罗马不是一天建成的。"大停电可以瞬间发生，而人类的发电史则是一个漫长而艰辛的科技创新过程。1752 年，富兰克林在暴风雨中放飞了他的风筝，证明雷闪现象就是一个放电的过程。1831 年，法拉第用一根磁铁棒和一个缠绕铜线的圆筒来进行电流试验，发现了电磁感应现象。1905 年，瑞士伯尔尼联邦专利局一位 26 岁的工作人员——爱因斯坦发表了 5 篇革命性论文，其中质能方程打开了核电的大门，而光电效应则揭示了太阳能发电的奥秘。

1875 年，法国巴黎北火车站建成世界上第一座发电厂，为附近照明设备供电。1882 年，美国发明家爱迪生在纽约建成了工业规模的发电厂，点亮了华尔街地区 0.65 千米^2 范围内所有的路灯。1936 年，胡佛水坝建成投产，成为当时世界上最高的水坝和最大的水电站，伴随美国走出大萧条的阴影。1954 年，苏联建成世界上第一座核电站——奥布宁斯核电站，开创了人类和平利用原子能的先河。1958 年，在太空竞赛背景下，美国发射的"先锋一号"人造卫星配置了光伏电池阵列。

20 世纪 70 年代的中东石油危机，揭开了世界各国开发替代能源的序幕，风能等一系列新能源开始登上历史舞台。进入 21 世纪，随着全球变暖形势日趋严峻和《巴黎协定》的签订，清洁低碳发电日益成为世界潮流，新时代的能源生产与消费革命正在朝着化石能源清洁化、清洁能源规模化、交通能源电气化的方向发展。

今天的发电世界百花齐放，五彩斑斓。燃煤发电就像老黄牛一样默默耕耘，提供着相对廉价、充足、稳定的电力，并且可以实现常规大气污染物的"超低排放"；燃气发电的碳排放大约是普通燃煤发电的一半，而燃气轮机则因为技术复杂，被誉为是装备制造业"皇冠上的明珠"；水力发电将滔滔江水转化为"金山银山"，同时具有防洪、航运等方面的综合效益；核能发电已经进入第三代商业化应用、第四代技术储备阶段，非能动、行波堆等先进理念和技术不断涌现，在规模化、低碳化方面具有独特优势；风能、太阳能发电成本大幅下降，近 10 年来，陆上风电造价下降 40% 以上，晶硅太阳能发电造价下降 90% 以上，已经逐步具备与煤电"平价上网"的能力。燃煤、燃气、水力、核能、新能源发电这五种发电形式，就像奥运五环一样，紧密联系在一起，共同构建了一个庞大复杂、互为补充的发电体系。

然而，各种发电形式也都面临着不同的挑战。燃煤发电的碳排放、燃气发电的工程造价与天然气供应、水力发电对生物多样性与区域生态的影响、核能发电的安全性与核废料处理、新能源发电的不稳定性，各类挑战不一而足。在清洁低碳、安全高效的发电系统构建中，每种发电形式都有自己不可取代的位置，而所获得的实际市场份额，则是技术经济、环保、社会等多种因素动态博弈的结果。其中，对生态环境的影响是制约因素，大数据与人工智能的应用是驱动力，经济效益是根本因素，而自身的资源供给则是边界条件。当然，随着科技的进步，这种资源边界条件在不断延伸，例如人类成功实现核聚变的商业化发电。

在发电行业的转型升级之路上，每个国家都要针对社会发展潮流，基于本国的国情制订发电计划，例如，美国的页岩气发电、巴西的水力发电、法国的核能发电、丹麦的风力发电等。通过新中国成立七十年的艰苦努力，特别是改革开放四十年来的跨越式发展，截至 2018 年末，中国已经建成世界上规模最大的清洁高效燃煤发电系统。燃煤发电超低排放机组超过 8 亿千瓦，排放标准世界领先。同时，中国可再生能源发电装机容量突破 7 亿千瓦，其中水力发电、风力发电、光伏发电装机容量分别达到 3.5 亿千瓦、1.8 亿千瓦和 1.7 亿千瓦，均位居世界第一。核能发电装机容量达到 4464 万千瓦，在建装机容量1218 万千瓦，在建规模世界第一。中国非化石能源发电装机容量占比已达 40%，发电量占比接近 30%。

2015 年底，随着青海最后 3.98 万无电人口实现通电，中国已经全面解决无电人口的用电问题。当前全球仍然有近 10 亿人口没有用上电。鲁迅先生说："其实地上本没有路，走的人多了，也便成了路。"在通往现代化之路上，世界各国人民只有先后，而不会缺席。目前，发达国家已经有 13 亿人民实现了生活现代化，中国 14 亿人民也将在 2035 年左右基本实现生活现代化，而三倍于中国人口的"一带一路"国家的现代化建设更是方兴未艾。

电力，是现代化的重要标志之一。通过编写《多彩的发电》科普图书，我们与广大读者一起，共同分享发电的前世今生、科技创新、示范工程与人文关怀。期待本书能够吸引社会公众关注发电、支持发电、参与发电，激荡思维，畅想未来，用多彩的发电，点亮人类的现代化之路。

目录

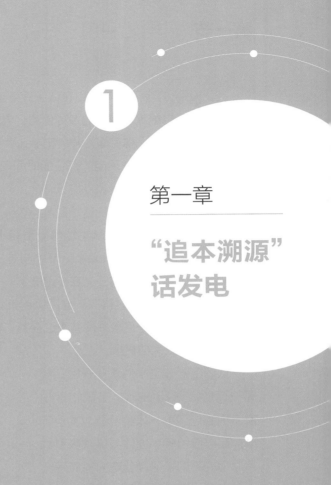

第一章

"追本溯源"
话发电

　　电在人类社会中从无到有，从"奢侈品"到进入百姓家。电的应用不仅给人类带来诸多便利，也不断促进社会文明的进步和科技的发展。电不仅仅点亮了世界，也成为推动人类探索未来的力量。

第一节 ✦ 电能利用：开辟电气化新纪元

在21世纪的今天，电的存在似乎理所当然，人们已经习惯了在开关的不停开合间享受电给我们带来的各种便利，电灯、电动汽车、电脑……电似乎无处不在、无所不能，像呼吸一样伴随着人类一直存在。但是事实上，在人类几百万年的进化史中，发现电的存在的时间仅仅只有400年，且前200年还只是对电使用的探索阶段。

发现电——从公元前的琥珀说起：公元前585年，希腊哲学家泰勒斯发现木块和琥珀相互摩擦后，琥珀能够吸引轻小物体，这就是通常所说的摩擦起电。希腊人把琥珀称为"elektron"，与英文"电"同音，这就是"电"发音的由来。中国东汉时期的王充在《论衡》一书中提到"顿牟掇芥"等问题，所谓"顿牟"就是琥珀，"掇芥"意即吸引菜籽，就是说摩擦琥珀能吸引轻小物体。但是人们对这些现象并没有太过在意，此后很长一段时间里，对这种现象的认识并没有太大的进展。

认识电——电学的真正开始：僵局一直持续到1600年，英国物理学家吉伯制作了第一只验电器，发现了摩擦起电吸引轻小物体与磁铁吸引铁片原理的不同，这种验电器的原理至今还在教学课本里应用（见图1-1）。1660年，时任德国马德堡市市长、物理学家盖利克将硫磺制成可转动球体，当用干燥手掌摩擦转动球体时，便会产生静电吸引羽毛，这便是世界上第

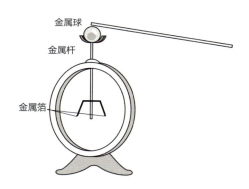

金属球
金属杆
金属箔

图1-1 验电器工作原理

一台摩擦起电机（见图1-2）。尽管盖利克发明的起电机看起来很简单，但在当时已是很了不起的发明，它帮助后来的科学家们观察到许多重要现象，并为创造更大型、更先进的发电机提供了参考。

研究电——电学知识日渐丰富：18世纪中叶，科学家们对电这一奇妙的物理现象产生了浓厚的兴趣，对电的研究也开始逐步展开。1745年，荷兰的穆申

布鲁克发明了能保存电的莱顿瓶（见图1-3），这是一种用以储存静电的装置，曾被用来作为电学实验的供电来源。莱顿瓶的发明，标志着对电的本质和特性进行研究的开始。1747年，美国的富兰克林提出了正电荷与负电荷的概念并描述了电荷守恒定律。

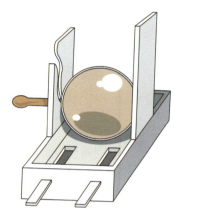

图1-2 盖利克的硫磺起电机

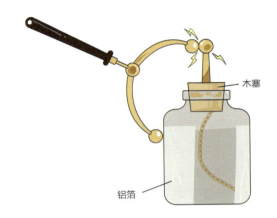

木塞

铝箔

图1-3 莱顿瓶原理图

应用电——电开始为人类服务：1752年富兰克林在雷雨天气将挂着钥匙的风筝放入空中，证明了雷闪就是放电现象。富兰克林提出了用避雷针来防护建筑物免遭雷击，他的这个设想由狄维斯在1745年实现了。电，由此迈出了为人类服务的第一步。18世纪后期，意大利物理学家伏特制造了第一个能产生持续电流的化学电池。19世纪50年代开始，化学电池作为电源广泛用于灯塔、剧场等使用强光的场所。19世纪70年代爱迪生发明了白炽灯，才使得化学电源强光得以被替代。自此，每项对电的重大发现都带来一轮广泛的实用研究，推动了科学技术，进而推动了整个社会的飞速进步。

电磁互生——电学的蓬勃发展时代：人们对于电与磁的研究是人类科技史上的重要里程碑。在19世纪初，科学家还并未将电和磁这两种现象联系起来，但丹麦的自然哲学家奥斯特受到德国哲学家康德和谢林自然力统一的哲学思想的影响，认为电与磁之间存在着某种联系。

电流磁效应——1820年，丹麦物理学家奥斯特经过多年研究，发现了电流的磁效应：电流通过导线，使得导线附近的磁针产生偏转（见图1-4）。电流磁效应为电磁学的发展奠定了基础，成为电动机发明的起源。

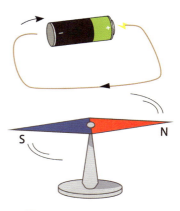

电磁感应——1831年，英国物理学家法拉第发现了电磁感应现象：闭合电路的一部分导体在磁场中做切割磁感线的运动时，导体中就会产生电流（见图1-5）。在此基础上，法拉第制造出了第一台发电机，向人类揭开了机械能转化为电能的序幕。1866年，德国的西门子发明了自激发电机；19世纪70

图1-4 电流磁效应原理图

年代，实际可用的发电机问世；19世纪末，远距离输送电的问题也得到了解决。自此之后，电能作为一种强大的生产力，在工业生产中得到广泛应用，也极大地改变了交通运输业的发展。至此，电能逐渐走进了寻常百姓家，人类也正式迈进了电气化时代。

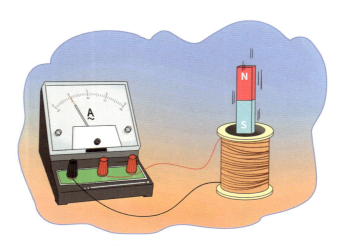

图1-5 电磁感应原理图

世界上第一台"发电机"

　　法拉第发现"电磁感应"现象后，根据其原理发明了世界上第一台发电机（图1-6为原理图）。它的两极分别为圆盘的中心和边缘，左侧为永磁体。圆盘中心每一点沿半径方向的线都相当于一根导线，当旋转右侧圆盘时，旋转的圆盘相当于无数根紧密排列的导线在蹄形永磁体的磁场中切割磁感线，回路中便产生了直流电流。

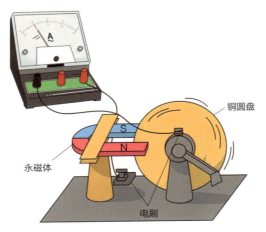

铜圆盘

永磁体

电刷

图1-6　法拉第圆盘发电系统

第二节 · 电力普及：奢侈品进入百姓家

　　电是如何实现规模化生产，由"奢侈品"到进入百姓家的呢？

　　19世纪70年代，欧洲进入了电力革命时代。企业纷纷开始使用电能作为新的动力。初始，因为发电机的功率很小，所以其发出的电只够少数人的照明使用，随着人们对电力需求的增长，电力生产中心的设想被提出。1882年，爱迪生在美国纽约珍珠街建立了发电厂（见图1-7），这一发电厂有6台发电机，采用直流发电，产出的电可满足6000个爱迪生灯泡的使用。直流电站虽然可满足少数人的供电，但对大城市的供电直流电站显然无法满足，于是交流发电便取而代之。在电能的远距离输送中，低电压输电导致电能损耗严重，这就需要增加电压来降低损耗，接着再使用变压器降压后用户才可使用。与直流变压器相比，交流变压器的结构要简单得多，由于没有运动部件，同时维修也方便，这推动了交流电对直流电的取代进程，结束了长时间的直、交流电供电系统之争，交流电从此成为世界标准的供电系统。

　　中国电能的规模化利用可以追溯到1882年在上海设立的上海电光公司，这是中国最早的发电厂；1899年，中国建设了第一条有轨电车线路（北京马家堡到哈德门）及配套的发电厂，这是中国建造的第一座规模发电厂；1912年，中国在云南建立起第一座水电站——石龙坝水电站（见图1-8）和第一条高压输电线。

图1-7　爱迪生和他的直流发电机

图1-8　中国第一台水轮发电机组

1920年，民国政府在南京建立首都电厂，这是中国第一个官办公用电气项目。1949年以后，在苏联的前期帮助和后期自力更生下，中国陆续建立了很多电厂，使大部分人民用上了电，21世纪，全国通电率已达到99.99%。

小贴士

1千瓦时电能做什么？需要付出多少成本？

电功率的单位是瓦（W）或千瓦（kW），是用来表示消耗电能快慢的物理量，功率为1千瓦的耗电设备在1小时所消耗的电能为1千瓦时（kW·h），也就是我们常说的1千瓦时电。

1千瓦时电可以让25瓦的电灯连续点亮40个小时；手机充电100多次；普通家用冰箱运行24小时；普通电风扇连续运行15小时；普通电视机开10小时。如果你有电动自行车，1千瓦时电足够你跑上80千米。

需要消耗多少煤才能发出1千瓦时电呢？以国内6000千瓦及以上燃煤发电机组为例，燃煤电站向外供应1千瓦时电，平均需要消耗大约300克的标准煤。

第三节 · 电线两端：发用电同步一线牵

电是一种特殊的商品，由电厂生产，先"批发"给电网，再"零售"给用户。发电使用的能源可以是煤炭、水能、核能、风能和太阳能，也可以是生活垃圾、潮汐能等。丰富多彩的发电形式保障着世界的正常运转。

大多数电厂与电力用户在空间上距离很远，电能从电厂生产出来，需要通过电线输送给电力用户。

发出的电大多经过输电、变电、配电，最后被用户使用。

一 输电

通过输电，把相距甚远的发电厂和用户联系起来，使电能的利用跨越地域的限制。与其他能源的传输相比，输电的损耗小，灵活性高，可以将不同地区电厂发出的电连接起来。输电线路常常通过架空形式排布进行输电，也就是我们在日常生活中能看到的输电塔架和电线；或通过铺设在地下、水下的电缆进行地区之间的电能运输。

随着直流发电机技术的成熟，直流输电也于19世纪80年代应运而生。但是输电用的导线有电阻，输电过程难免有损耗，如果长距离送到用户端，可能剩下的电能连电灯都无法正常点亮。因此，人们需要想办法提高电压，减少输电过程中产生的损耗。直流变压器虽然也能将直流电变压，但是结构复杂；交流变压器设备结构简单，逐步奠定了主导地位，19世纪末，随着交流电的进一步发展，促使一个新的时代——电气化时代来临了。经过100多年的发展，目前世界上广泛使用三相交流输电，频率为50赫兹或者60赫兹。

特高压输电

在输电过程中，输电电压的高低根据输电容量和输电距离而定，一般原则是：容量越大，距离越远，输电电压就越高。

特高压输电是指±800千伏及以上的直流电和1000千伏以上交流电的电压等级输送电能。千伏是电压等级，1千伏=1000伏。1条1150千伏输电线路的输电能力可代替5~6条500千伏线路，或3条750千伏线路；同时可减少30%的铁塔用料，节约50%的导线，总造价降低10%～15%。

经过十年努力，中国全面掌握了特高压核心技术，2013年1月，该项技术荣获"国家科技进步奖特等奖"，中国也是世界上唯一掌握这项技术的国家。

 变电

变电的核心设备是变压器。电厂发出的电先通过变压器提高电压，长距离输电后根据用户用电设备的电压等级不同进行降压。

可以看出，变电的核心在于变压器的使用。什么是变压器呢？它的基础部件是铁芯和线圈，在一个闭合的铁芯两侧分别缠上两组不同圈数的线圈，当输入侧通上交流电后，输出侧就能感应生电，改变两侧缠绕圈数之比就能改变输出侧电压（见图1-9）。

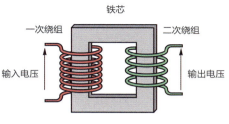

图1-9　变压器原理图

（图中标注：铁芯、一次绕组、二次绕组、输入电压、输出电压）

三　配电

　　发电、变电环节之后，最后经过配电环节就可以将电送到千家万户。配电网就相当于一个中转站，从输电网接收电能，将高压电降低到方便运行又符合用户需求的各种电压，最终将电能分配给各种用户，它是直接与用户相连并向用户分配电能的环节。

小贴士

变电电压

　　电力系统中发电机的额定电压一般为15～20千伏，常用的输电电压等级有750千伏、500千伏、220千伏等；配电电压等级有35～60千伏、3～10千伏等；用电部门的用电器具有额定电压为3～15千伏的高压用电设备和110伏、220伏、380伏等低压用电设备，把不同电压等级部分连接起来形成一个整体就是通过变电实现的。

2

第二章

"丰富多彩"的发电

电力生产是丰富多彩的，从传统的燃煤发电，到"高峡出平湖"的水力发电；从清洁绿色的燃气发电，到"源源不断"的风力发电和太阳能发电；再到核能发电，多种发电形式源源不断地向世界输送电能，点亮了千家万户。

第一节 ◆ 燃煤发电：燃烧改变世界

煤炭，俗称"黑金"，是地球上储量最丰富、分布地域最为广泛的化石燃料。古代人们燃烧煤炭用以取暖、烹饪、冶炼金属。近代，人类通过燃烧煤炭推动蒸汽机，带领世界进入"蒸汽时代"。进入"电气时代"后，燃煤发电更是作为电力发展的先驱，推动着世界高速向前发展，给人类的生产与生活带来了日新月异的变化。

由于中国"富煤、贫油、少气"的资源禀赋原因，火力发电占全国总发电量约70%，是最主要的发电方式。火力发电主要包括燃煤发电、燃气发电、燃油发电、余热发电、垃圾焚烧发电和生物质发电等。在火力发电中，常规燃煤发电量比例最高，占比85%以上（2018年煤电发电量占火力发电量的91.03%）。而且燃煤发电具有发电成本较低、建设周期快、发电量稳定可控等优点，特别是在煤炭产量高的地区建设"坑口电站"，更是具有资源丰富、燃料无须长距离运输等天然优势，燃煤发电在今后较长一段时期内的主体地位不会动摇。

时至今日，随着热力学循环、高效传热、煤粉燃烧、大型电力装备设计与制造、燃煤污染物治理等理论和技术的不断发展，燃煤发电技术已经十分成熟。然而燃煤发电领域的科学家和工程师们依旧在不断地想方设法提高发电效率，700℃超超临界、二次再热、超临界二氧化碳循环发电等技术的研究和发展已经成为人们所关注的热点问题。

燃煤发电给人们带来了光明。但一段历史时期内，燃煤发电也因过度注重经济发展，忽视环境保护，产生过灰暗的一面。历史上的"伦敦雾都"事件给燃煤发电蒙上了阴影，人们总是倾向于将"污染""雾霾""灰尘"这样的字眼和燃煤发电中高耸的烟囱相联系。但是，如今的燃煤发电已经不同往昔，生态环保的理念已经深入人心。中国作为世界燃煤发电大国，建立了全球最大的煤炭清洁高效利用体系，广泛使用的"超低排放"技术，已使燃煤电厂污染物排放指标达到了燃气发电排放水平，从而引领世界。中国燃煤发电一直朝着清洁高效的方向发展，也在努力证明煤炭能够成为一种清洁能源来利用。

一 追溯历史：神奇的煤炭

"可怜身上衣正单，心忧炭贱愿天寒"，这句脍炙人口的名句出自唐代著名诗人白居易的《卖炭翁》，描述了卖炭老人在冻得发抖的时候，一心盼望天气更冷，从而有更多的人来买炭取暖。古代的长安比现在的西安面积大几倍，人们的生产和生活都需要柴薪，当时有几万人在从事伐薪烧炭这个行当。这种朴素的柴薪文明创造了当时世界上最繁荣的大唐盛世。

煤炭是亿万年前的植物在地质作用下经历复杂的生物化学和物理化学作用而逐渐形成的固体可燃性矿物，本质上讲也是地球上的植被存储的太阳能，与秸秆等生物质一样，可以通过燃烧转化为热能，只是煤炭存储时间更长，能量密度更大。中国是最早发现并开采利用煤炭的国家，关于煤的最早记载成书于春秋末战国初（约公元前5世纪）的《山海经·五藏山经》："女床之山、女几之山多石涅"，因为煤的颜色黝黑，状似石头，所以在古代就被称作"石涅""石炭""石墨""乌金石""黑丹"等。

元代初期来中国的意大利旅行家马可·波罗所著《马可·波罗游记》中曾对中国"用石头作燃料"的奇事做了专门的介绍："中国有一种黑石头，和别的石头一样从山上掘出，燃烧如木材。这种石头燃烧时没有火焰，只有在开始点火时，有一点火焰，如同烧木炭一样长久保持红热状态。这种石头放出很大的热量，它们燃烧比木材好些。如果你们夜间把它放在火里，燃得非常好，我真实地告诉你们，这石头全夜在那里燃烧，所以到第二天早晨你们仍旧可以见到火状未息……"

长期以来，人们对煤炭的利用大多是直接燃烧，将其自身蕴藏的化学能转换为热能，用来取暖和做饭。直到18世纪，英国人瓦特对蒸汽机进行了改良并使之得到大面积使用，使得煤炭引燃了人类的第一次工业革命。简易的常压蒸汽锅炉和往复式活塞蒸汽机组成了早期最基本的热能动力系统，人们利用水作为工质，水吸收煤燃烧释放出的热能变为水蒸气，进一步推动蒸汽机做功，巧妙地将热能转换为机械能。这套系统被广泛用来取代过去的人力和畜力，极大地推动了船舶、铁路和各种农业和工业的发展，使得人类进入了"蒸汽时代"。

然而，人类对能源科技的探索永不止步。1831年，英国人法拉第将磁铁插入线圈得到了电流，发现了电磁感应现象，并发明了世界上第一台发电机——法拉第圆盘发电机，实现了机械能向电能的转换，由此拉开了第二次工业革命的序幕。人们很自然将蒸汽机和发电机结合，1875年世界上第一座燃煤火电厂在法国巴黎北火车站建成并为附近照明供电，标志着人类进入了"电气时代"。

1882年9月4日，爱迪生在纽约珍珠街建了一座发电厂。这座发电厂利用蒸汽机驱动直流发电机，同时该发电厂内装有6台发动机，使电力第一次真正在人类生活中得到使用，从而改变人们的生活面貌。同年，英国商人在中国招股建立了第一座火电厂，代表着中国电力建设开始的标志。随后，外商、华商在沿海地区及通商口岸陆陆续续开始火电厂的修建（见图2-1）。1890年，华侨商人集资创办了中国第一家民族资本电力公司——广州电灯公司。到1911年，外商经营电厂的设备总容量达到2.7万千瓦，华商经营电厂的设备总容量达到了1.2万千瓦。

改革开放40多年，随着中国经济的不断发展及人们对于电力的需求逐步增大，同时中国电力体制也经历了不断的改革与创新，各地建设电厂的积极性不断提高，火电厂的装机总容量和发电量都大幅度增加，火电产业得到了迅速发展，发电所需的设备也与时俱进朝着高参数、大容量、高效率及低排放的方向发展，锅炉和汽轮机的总体技术已经接近世界先进水平。中国燃煤发电的发

图2-1　上海杨树浦电厂，曾是亚洲最大的发电厂

展经历了一个极不平凡的过程，在不断发展进步中取得了辉煌的成就。目前，电力工业的发展处在由高速增长向高质量发展的阶段，同时新的问题与挑战也将迎面而来，但燃煤发电仍然具有许多独特的优势，如电网基本负荷的保底优势、可靠的备用优势、灵活的调峰优势、散烧煤的替代优势、低耗高效优势，以及高新技术装备制造、安装调试、运行维护的海外拓展优势等，这些都是在相当长时期内燃煤发电无法被替代的主要原因。

机组容量

中国燃煤机组容量以300、600、1000兆瓦（MW）为主，就是人们常说的30万、60万、100万千瓦机组。这种说法的差异来自中国和欧美对大数字计数习惯的不同。电功率在实际使用时，瓦这个单位太小，欧美习惯使用千进制来计数，就用兆瓦（MW）为单位。中国人计数喜欢用万进制来计数，并使用千瓦作为单位。

1000兆瓦机组表示每小时发电100万千瓦时电，如果按照该机组全年365天持续发电，那么可以按照年发电24×365=8760小时来计算，该机组一年的发电量就是100万千瓦×8760小时=87.6亿千瓦时电。

🔵 神奇之旅：从"有形煤"到"无形电"

煤炭是有形的，可电是无形的，那么由煤发电到底是怎么实现的呢？

燃煤发电的科学原理在于蒸汽动力循环，也就是水作为工质实现了整个能量转化的过程。下面我们一起来看一看水蒸气的神奇之旅吧，探究生活中最常见的水是如何来帮助煤炭实现发电的。

第一步，烧开水，水变成蒸汽。在燃煤发电系统中，煤在锅炉中燃烧将化学能转换为热能，加热水生成高温高压的过热蒸汽。

第二步，高温高压的水蒸气在汽轮机中做功，变成"乏汽"。第一步中生成的高温高压的水蒸气推动汽轮机旋转，高速旋转的汽轮机带动发电机进行发电，发电机发出的电经变压器升压后输入电网，最终实现机械能转换为电能。做完功后，水蒸气"没劲了"，变成低温低压的"疲惫"的乏汽。

第三步，把乏汽冷却成水。可以通过水冷、空冷等方式把乏汽在冷凝器中冷却成水，然后用给水泵将冷水输送到锅炉中继续加热——重复第一步，如此不断循环反复。蒸汽动力循环就这样源源不断地将煤粉燃烧产生的热能转化为汽轮机的旋转动能，带动发电机发电。

燃煤发电原理看起来很简单，但是工业上的大规模燃煤发电厂很复杂，管道大大小小，设备成千上万，包括燃烧系统（以锅炉为核心）、汽水系统（主要由各类泵、给水加热器、凝汽器、管道、水冷壁等组成）、电气系统（以汽轮发电机、主变压器等为主）及控制系统等。要让这些设备完美配合，一起高效工作可不是一件简单的事情，因此燃煤电厂可以称得上是全球最复杂的工业系统之一。一般来讲人们只需要了解燃煤电厂中的三大主机就可以，它们分别是锅炉、汽轮机及发电机。正是燃煤电厂中的运行人员操控着这三大主机和众多辅助设备完美配合，最终将有形的煤炭转变为无形的电，通过电线组成的电网输送到千家万户。

燃煤发电中煤粉燃烧的污染物是如何处理的呢？那就涉及一个很重要的关于空气的循环——烟风系统。煤粉在炉膛中燃烧需要大量的空气，因此需要送风机将空气送入炉膛。煤粉燃烧，实际就是煤粉颗粒与空气中的氧气发生的快速高温化学反应，产生热量。煤粉燃烧后形成的大的灰渣由于重力作用下落到炉膛下部的冷灰斗中；小的飞灰颗粒随着热烟气向上继续运动，经过一系列换热器后，首先，经过脱硝系统除去烟气中的氮氧化物；其次，经过除尘器除去烟气中的飞灰；然后，经过脱硫系统除去烟气中的二氧化硫；最后，干净的烟气通过烟囱排放（见图2-2）。这样空气也是源源不断地输送到炉膛，变成烟气后经过复杂烟气处理系统，最后被排放到大气中。

随着大家环保意识的提高，防治环境污染也是电厂最主要的工作之一，这就需要对燃煤电厂排放的烟气浓度进行实时监测，燃煤发电排放的烟气中对大

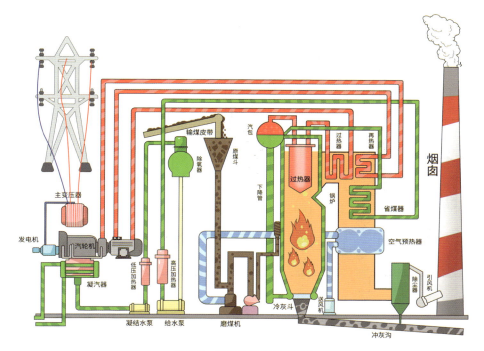

图2-2　燃煤发电工作原理图

气环境有影响的污染物主要是烟尘、二氧化硫和氮氧化物，因此就需要采取一系列工艺措施将它们处理干净以达到国家规定的排放标准后再排放到空气中。目前，国内80%左右的燃煤电厂都进行了"超低排放"改造，烟气的排放达到了天然气发电的排放标准，这个标准大大领先于美国、日本、澳大利亚和欧洲的排放标准。

（一）电站锅炉

电站锅炉是火力发电厂三大主机设备之一，其功能和人们平时见到的"火炉烧开水"差不多，不像日常生活中锅加炉的组合那么简单，它的体积和规模更加庞大，结构也更加复杂。

电站锅炉是一个整体，四周紧密排布的水冷壁管道围成的巨大空腔叫作炉膛，炉膛上部便是长长的布满了密密麻麻换热管道的烟道。被碾磨干燥后的煤粉经过特殊的燃烧器喷入炉膛燃烧，产生大量热量。水冷壁中的水经加热变成

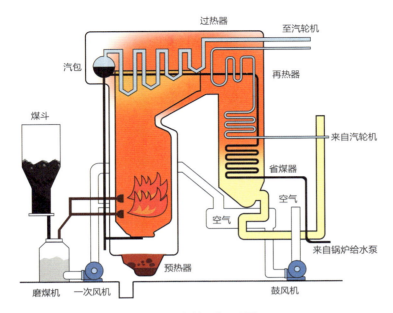

图2-3　锅炉工作原理图

蒸汽，布置在烟道的蒸汽管道能够充分利用烟气的热量，使蒸汽过热（见图2-3）。

目前，超超临界锅炉能将蒸汽压力提升到31兆帕以上，相当于300千克的重物压在指甲盖上，蒸汽温度超过600℃。

（二）汽轮机

汽轮机是电站系统中将蒸汽的热能转化为机械能的装置。整个汽轮机装置由动、静两部分组成，动的部分主要就是转子，由主轴和叶片构成（见图2-4）；静的部分有汽缸、进气口、叶栅、隔板等，将转子裹在汽缸内部。汽轮机工作时，蒸汽从汽轮机进气口进入，推动转子上的叶片，带动汽轮机主轴旋转，将蒸汽的热能转化为转子的动能（见图2-5）。

蒸汽在汽轮机中压力温度不断下降，为了适应压力下降情况下蒸汽的变化，转子通常分为两段或三段，不同分段上的转

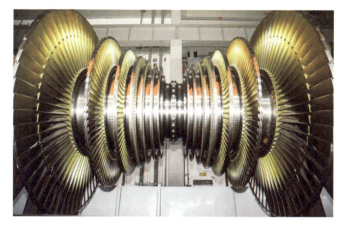

图2-4 汽轮机转子

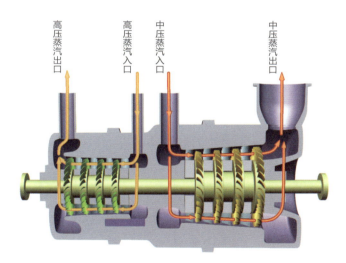

高压蒸汽出口　高压蒸汽入口　中压蒸汽入口　中压蒸汽出口

图2-5 高中压汽轮机工作原理图

子叶片设计会有区别。蒸汽刚进入汽缸中，高压情况下，叶片一般比较短，但随着压力的不断下降，水蒸气不断膨胀，叶片长度也就随之增加，最长可达1米以上，整个汽轮机也会按照这种压力的变化分为高压缸、中压缸和低压缸，从低压缸出来的蒸汽压力已经很低，甚至从气态开始向液态转变，排气最终进入汽轮机下方的凝汽器中。

（三）发电机

发电机是电站系统中将机械能转变成电能的装置。当汽轮机主轴转动提供了旋转的动能之后，与汽轮机同轴安装的发电机将动能转化为电能。发电机根据前端安装的发动机不同，其类型也有所不同，但

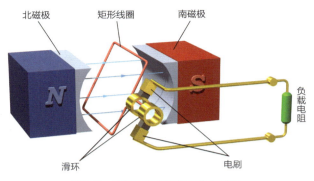

图2-6　旋转电枢发电机工作原理图

是发电机的工作原理均是电磁感应定律，即导体切割磁感线产生电势，接在回路中便产生了电流（见图2-6）。汽轮机转子与发电机转子同轴旋转，转速保持3000转/分以满足中国50赫兹生产用电频率。

为何中国的用电频率是50赫兹？

小贴士

交流电频率选择与负荷特性、输变电设备，以及原动机和驱动系统等诸多技术因素相关。在历史记载文献中可以找到，除航空器以外，出现过的交流电网频率高至$133\frac{1}{3}$赫兹，低达$16\frac{2}{3}$赫兹。

在标准的形成过程中，设备制造商和电网经营者起到了重要作用，经过技术和市场等多方面的影响，50赫兹和60赫兹两种用电频率成为主流。两种频率的发电设备的不同之处在于发电机转速的不同，60赫兹的用电频率需要更高的转速。中国在建设电力系统之初，在两种用电频率之间进行了慎重选择。新中国成立初期由于电力严重短缺，发电机组长期处于超负荷运行，转速难以提高。最终，参考苏联的标准，中国选择了较低的用电频率，也就是50赫兹。

三　时代选择：不可替代的燃煤发电

煤炭是世界三大能源之一，在中国煤炭的地位更加突出。中国是世界上最大的煤炭生产国，同时也是世界上最大的煤炭消费国，是以煤炭为主要能源的国家之一。煤炭在中国能源生产中的比重一直维持在70%以上。中国"富煤、贫油、少气"的资源赋存条件，决定了煤炭在中国能源结构中的主导地位，也决定了燃煤发电不可替代的重要作用。

过去，燃煤发电为保障我国社会经济高速发展、提高人民生活水平作出了重要贡献。现在，燃煤发电正朝着安全高效、清洁低碳的方向发展，与逐渐规模化利用的新能源携手，为我国经济社会发展提供绿色能源。

（一）中国煤炭资源分布

中国煤炭资源总量丰富，根据预测全国煤炭资源总量约59000亿吨，仅次于美国和俄罗斯位居世界第三位。

中国地大物博，拥有丰富的煤炭资源，但分布却很不均衡。根据最新的调查数据，截至2018年底，中国煤炭查明资源储量为16666.73亿吨，同比增长4.3%；中国除上海以外其他各省区市均有分布，但分布极不均衡。作为煤炭主要的消费区，华东、中南广大区域煤炭保有查明资源储量仅占全国的7%左右。经济最发达的东部十省市煤炭保有查明资源储量仅占全国的4.3%左右。2018年，中国大陆共开采了35.46亿吨的煤炭，再次在全球排名第一，产量接近全球的一半。根据《中国能源发展报告2018》数据显示，2018年全年中国全社会的能源消费总量高于46.4亿吨标准煤，同比增长3.3%，增速创5年来新高。2018年全年中国消耗的煤炭高达 37.7亿吨（全球最大的煤炭消耗国），同比增长5%，创最近7年来的新高。煤炭资源分布不均衡的固有特征决定了中国"北煤南运，西煤东调"的格局长期存在。

（二）燃煤发电的优势

煤炭资源的优势，直接带来的是价格的优势。新中国刚成立的二三十年内，受到技术和国际贸易限制，油气资源探明工作开展不畅。中国煤炭资源十分丰富、开采方便，逐渐形成"富煤、贫油、少气"的局面，西煤东调的成本也不高，东部地区依靠长距离输煤也可以建设盈利能力良好的燃煤电站，适宜当地发电的其他能源也就失去了发展的土壤。

在过去很长一段时间，在中国燃煤发电是一个显而易见的经济选择，即使加上脱硫、脱硝、电除尘等装置，绝大多数省份的火力发电上网电价依然可以控制在0.25～0.45元/千瓦时之间，如此低的价格仅次于大型水力发电。而一直被很多技术人士看好的核能发电，其核准的电价反而为0.43元/千瓦时，超过绝大多数省份的火力发电电价。低廉的价格不仅奠定了燃煤发电在电力行业的绝对优势，也使得原本昂贵的电能走入普通家庭，为国民经济增长和提高人民生活质量做出了重大贡献。

改革开放后，中国各方面发展都取得巨大突破，只依靠常规能源已经不能满足未来发展的需要，因此新能源的利用被列入能源规划中，依托技术支持和资金投入，新能源发电正在逐步推进。

为什么中国现在的燃煤发电占比还是比较大呢？一方面，能源设施具有"锁定效应"。中国不少燃煤电站设计的运行寿命是三四十年，也就是说现在的能源体系在20年前的能源投资中就已经决定了。虽然中国现在已经在不断淘汰污染落后的小机组，但是燃煤发电机组依旧数量巨大。另一方面，目前燃煤发电还承担着基础负荷和调峰的任务。新能源发电有着不是一朝一夕就能解决的技术难题和自身缺点，太阳能和风能等新能源受到时间和空间的约束，难以持续地稳定供电。

四　历久弥新：追求发展的极限

燃煤发电可以说是所有发电形式当中最"古老"的一种。从无到有，从小到大，从煤油灯的星星之火到璀璨绚丽的城市之光，燃煤发电为改善人民生活质量做出了巨大贡献，为中国的经济腾飞提供了强大的电力支持。根据当前中国的能源分布、能源消耗、环境污染的情况，既然火力发电将长期作为生产生活中主要的电力供应形式，积极探索清洁高效的燃煤发电技术就显得尤为重要。随着多种发电形式的出现，燃煤发电也在不断地进行技术革新，突破自然条件的限制，追求发展的持续推进。

（一）热电联产

热电联产是指发电厂既生产电能，又对用户供热的生产方式。一般发电厂都采用凝汽式汽轮机组，将通过汽轮机做过功（即发完电）的乏汽直接冷凝，只生产电能向用户供电。这种纯凝式燃煤发电发电方式，大大浪费了乏汽的余热。由于做完功的乏汽仍然具有较高的温度，可以用来给用户供暖，在生产电的同时将热量作为一种商品出售给用户，这就是热电联产，具有更高的经济性。

热电联产充分体现了"分配得当，各得所需，温度对口，梯级利用"的热能利用核心思想，是优化能源利用的重要方式之一，具有提高燃料的经济性和降低温室气体排放量等优点。热电联产中，燃料化学能先将高品位的热能做功用来发电并变成低品位热能，然后再使用低品位热能实现供热，梯级用能使地区的整个能量供应系统节约了能源。

从供热方式角度考虑，对于热电厂供热可以实现地区集中供热。对于供热规模较大的地区，可以采用高参数的大型锅炉，不仅能够较大地提高能源利用效率，极大地节省燃料，而且大容量锅炉备有高效除尘设备和高烟囱，避免分散供热因规模限制带来的环境污染问题。

正因如此，热电联产成为全球现代能源发展的主要趋势，增长势头良好。2016年，全球热电联产总装机容量中，以中国、印度和日本为主的亚太地区热电联产装机容量比重最大，达到46%；欧洲地区装机容量占比39%，中东、非洲和其他地区装机容量占比15%。在城市供热领域，热电联产也占据着重要地位。2018年，在全球城市供热市场结构中，热电联产供热占比接近八成，约为78%，远高于区域锅炉12%的比重。

中国的热电联产行业发展始于20世纪50年代，当时正处大规模经济建设的初期，也是各地电网发展的初期，热电联产得到了初步发展，但主要集中在北方的工业领域。改革开放后，热电联产发展延伸到北方居民集中供暖。由于热电联产可以带来供热质量提高、电力供应增加等多种效益，所以得到政府的大力支持。21世纪后，人民生活水平不断提高，采暖范围不断扩大，原来不用安装采暖设施的城市也在新的建筑中加装了采暖设施，供热范围已由北方地区向南方地区扩展。中国热电联产发展速度相对较快，总装机容量和增速均处于世界领先水平。中国政府也加大了对热电联产的支持，如《电力发展

"十三五"规划》中提出：到2020年，热电联产机组和常规燃煤发电灵活性改造规模分别达到1.33亿千瓦和8600万千瓦左右；力争实现北方大中型以上城市热电联产集中供热率达到60%以上，逐步淘汰管网覆盖范围内的燃煤供热小锅炉；为了大气污染防治和提高能源利用效率，健康有序发展以集中供热为前提的热电联产。在市场需求及相关政策推动下，热电联产有望保持较快发展。

（二）超超临界发电技术

根据热力学原理可知，对于燃煤发电技术如果寻求更高的机组热效率，需要进一步提升机组容量和蒸汽参数，超超临界发电技术应运而生。

超超临界技术是指电厂将主蒸汽压力和温度提高到超超临界参数的发电技术。根据朗肯循环，蒸汽初参数越高，机组的热效率越高，同时燃料消耗和污染物排放随之减少。根据主蒸汽压力及温度可以将发电机组分为亚临界、超临界及超超临界。亚临界机组指出口压力通常在15.7～19.6兆帕的机组。超临界机组是指出口压力在22.12～24兆帕的机组，其主蒸汽温度可以达到560℃，这种高温高压状态对锅炉和蒸汽管道材料提出了不小的考验。超超临界机组的蒸汽压力温度则还要高于超临界机组，主蒸汽和再热蒸汽温度可以达到580℃以上。在相同容量的基础上，比起亚临界机组而言，超临界机组消耗的煤炭资源明显更少，且对环境更加友好。研究表明，同容量的超临界机组比亚临界机组降低能耗2.5%，二氧化碳排放减少7%；将超临界提高到超超临界，机组热耗又能下降3.6%左右。目前，中国具有世界上最多最先进的百万千瓦超超临界火力发电机组，不仅容量大、参数高、效率高，在节能减排等问题上更是具有优势，环保投入可以相对集中，单位环保成本也会更低。超超临界发电机组发电效率在43.8%～45.4%，远高于亚临界机组的37.5%左右。超超临界技术的最大优势是节约能源、降低煤耗，能够在超临界机组的基础上再将热效率进一步提高。热效率一点点的提高便会带来巨大的经济效益和环境效益。对于1台30万千瓦的火电机组来说，热效率每提高1个百分点就可以实现年均节煤6000吨左右。

如何进一步提高机组效率、节约煤耗，并保持其现有灵活可靠性是超超临界机组的主要任务。参数的提高对材料性能和加工手段一直是严峻考验，随着发电技术相关材料性能的提升，蒸汽温度和压力参数将进一步提高，为

630℃、760℃等更高等级的超超临界机组的服役提供了可能。更高等级超超临界机组供电效率可以提高到53%左右，比现行最先进的600℃等级超超临界机组可再降低十分之一煤耗，减少颗粒粉尘、二氧化硫、氮氧化物等有害气体和温室气体的排放。

在国家的大力扶持下，中国逐渐从单纯的依靠进口技术和设备到吸收创新，实现了燃煤发电技术的跨越式发展，并进入燃煤发电设备制造强国，整体上达到国际先进水平，甚至个别领域成为生产制造研发的领头羊。中国超超临界机组技术水平、发展速度、装机容量和机组数量突飞猛进，均已跃居世界首位。根据国家燃煤机组建设要求，超超临界机组已经成为新建机组的主力，对提高发电效率、节能减排具有重要意义。2015年9月，世界首台百万千瓦超超临界二次再热燃煤发电机组，在国家能源集团泰州电厂正式投运（见图2-7），标志着中国二次再热超超临界发电技术实现了跨越式发展。

图2-7 国家能源集团泰州电厂

中国在建设燃煤发电项目的同时，60万千瓦等级超超临界循环流化床锅炉技术、630℃超超临界二次再热发电技术、700℃超超临界发电技术等关键技术也正持续推进并取得阶段性成果，为机组的进一步升级改造奠定坚实基础。

中国技术——700℃超超临界发电

　　2010年7月23日，中国国家能源局宣布成立国家700℃超超临界燃煤发电技术创新联盟，并于2011年6月召开第一次理事会，标志着中国700℃超超临界燃煤发电技术开发计划正式启动。中国自主研发的700℃超超临界发电技术，先进机组可将供电效率由约48%提高至50%，煤耗可降低40～50克/千瓦时，相应减少粉尘、氮氧化物、二氧化硫等污染物，以及二氧化碳等温室气体的排放量。

（三）智能发电

　　控制在人们身边无处不在。举个简单的例子，人们在淋浴时可以通过手动调节冷热水龙头，来获得适合自己需要的水温，这就是一个典型的控制过程。控制目标是适宜的水温，控制对象是冷热水龙头的开度。当然工业自动化中，通过设定的程序对电动调节阀实现自动控制，很轻松就可以获得设定的温度。

　　电力的生产是一个复杂的过程，而且发电量需要根据调度指令进行动态调整，工作人员需要时刻了解和掌握设备的工作状态，确保电厂正常运行，并对一些关键参数如温度、压力、流量等进行实时控制和调节。燃煤电厂中设有主控室，里面有专门的集散控制系统，可以对来自现场成千上万个传感器传来的信号进行监测，工作人员24小时轮值运行，实现整个电厂的自动控制。

　　随着科技的进步和发展，人们的自动控制正在进入智能时代。新一代信息技术正在着力打造智慧的生活环境，互联网、智能手机等逐渐步入千千万万个家庭，无限的资源触手可及，足不出户也能与万物紧密联系。同样，发电厂也正朝着智慧的方向迈进。

　　什么是智能发电？举个例子，当把一块铁扔进火里进行燃烧时，铁块被烧至软化都不会有任何反应。因为铁块是无感知、无思想的物体，而当人的手指触碰到烫的物体时，会立即反应，迅速缩回。智能电厂的建设就是把传统电厂中无感知、无思想的设备、系统孕育成有感知、有思想的全新智能型电厂（见图2-8）。

图2-8 国家能源集团高安屯电厂

　　智能的电厂首先需要智慧的"大脑"，随着云计算与大数据、人工智能和智能机器人等技术的发展，为这颗大脑的出现提供了可能性。电厂运行期间除必要的运行操作外，往往需要根据电网用电负荷的变化调整运行状态，而手动控制则需要较长的反应和操作时间。

　　智能电厂"大脑"的突出作用便在于控制，通过应用现场总线智能设备、机组自启停技术等丰富的智能控制手段，结合人工智能等先进智能控制方法保证机组的运行稳定，使机组在达到节能减排效果的同时，提高机组对于电网响应的灵敏度。

　　智能发电以发电过程的数字化、自动化、信息化、标准化为基础，以管控一体化、大数据、云计算、物联网为平台，集成智能传感与执行、智能控制与优化、智能管理与决策等技术，形成一种具备自学习、自适应、自趋优、自恢复、自组织的智能发电运行控制管理模式，实现更加安全、高效、清洁、低碳、灵活的生产目标。

五　清洁利用：留住青山绿水

雾霾是雾和霾的组合词，雾是自然水汽，霾是悬浮在空气中的颗粒物。2004年6月29日，"雾霾"一词开始在中国的天气新闻中出现。2013年1月28日，PM2.5首次成为气象部门霾预警指标，将霾预警分为黄色、橙色、红色三级，分别对应中度霾、重度霾和极重霾。也正是这一天，中央气象台首次发布单独的霾蓝色预警信号。不知不觉我们已经经历了那么多次雾霾的袭击。

燃煤发电作为煤炭消费的大户，曾一度被舆论认为是霾形成的"元凶"。2018年，中国消费煤炭约37.7亿吨，其中民用煤炭约为3亿吨。尽管民用煤炭占比不足10%，但是基本上全部为分散式燃烧，没有采取任何环保措施，其对大气污染的贡献率高达50%左右（见图2-9）。

这种苛责并不是坏事，这促使电力行业更加重视环保问题。中国的大型燃煤发电厂对烟气污染物进行了大力治理，并制定具有国际最先进的排放标准。目前，中国正在推动燃煤电厂的超低排放改造工程，即烟尘、二氧化硫、氮氧化物排放浓度分别不超过5毫克/米^3、35毫克/米^3、50毫克/米^3，要求2020年前电厂排放的烟尘、二氧化硫、氮氧化物接近天然气电厂的水平。

图2-9　燃煤散烧造成空气污染

破坏环境的代价

1952年，英国伦敦发生了烟雾事件，在该次雾霾灾害中，总计约10万伦敦市民患上了哮喘等呼吸道疾病。4天时间内，有4000多人被夺去生命；2个月后，又有8000多人去世。45岁以上人群的死亡数是平时的9.3倍，1岁以下的婴儿死亡数是平时的2倍。1956年，英国政府颁布了《清洁空气法》，英国政府为治理空气污染几经努力，为此伦敦花费了30年的时间。

1955年，日本四日市石油冶炼和工业燃油产生的废气严重污染城市空气。因污染严重，四日市常年烟雾弥漫，很多市民患上哮喘病。日本治理空气污染，前后也花掉了30年左右的时间。

环境对于一个国家和民族来讲，是赖以生存和发展的自然资源和物质基础。历史告诉我们，不能走破坏环境求发展的老路，要保护环境走可持续发展道路。

（一）污染物脱除

燃煤电厂的环保是从煤进入炉膛之前开始的。功率强劲的磨煤机会将煤块研磨成粒径只有几十微米的煤粉，通过用量计算精准的热空气吹进炉膛，实现完全燃烧。

电除尘和袋式除尘是目前燃煤电厂常用的两种除尘方法。袋式除尘工艺简单，但脱除效率相对较低，具有较高粉尘脱除效率的电除尘技术成为抑制排放的主流工艺。电除尘工艺流程如下：烟气首先经过一个高压静电场，灰尘随即带上电荷。在随着烟气流动的同时，带正电荷的粉尘颗粒向负极板移动，而带负电荷的粉尘颗粒向正极板移动，最终附着在正负极板上。然后通过冲洗、振打、短暂改变极性等方式使粘附在极板上的粉尘颗粒脱落，最终掉落到灰斗中收集利用。除尘器的利用和

轻松一刻

视频
燃煤电厂烟气污染
物治理

发展使得燃煤电站等燃煤企业基本告别黑烟囱的时代，减少了污染物排放。

在实际电力生产中，往往需要燃烧不同的煤种，甚至多煤种、优劣煤混掺燃烧，使得烟道中的粉尘发生变化，给除尘工艺的维护保养增加了不小难度，甚至有可能降低除尘效率。针对实际生产应用中遇到的问题，相关科研院所和生产单位不断进行技术改良。最具代表性的是高频电源技术，通过采用新型大功率高频高压电源技术，能够提高除尘效率。随着中国环保要求的提高和排放标准的不断趋严，烟尘治理逐步向袋式除尘、电袋除尘技术发展，尤其在近几年电袋除尘器开始大规模应用于燃煤电厂。此外，随着中国大气污染物排放标准及要求的日趋严格，更加高效清洁的湿式电除尘技术开始应用于燃煤电厂并得到迅速推广。

二氧化硫对环境和人类生活具有巨大的危害作用，而燃煤电厂在生产过程中会燃烧释放大量的二氧化硫，需要对其进行严格的控制。烟气脱硫工艺是每个用煤单位所必须安装的减排工艺，常见的脱硫工艺有干法脱硫和湿法脱硫两种。湿法脱硫过程在吸收塔内完成，将石灰石制成浆液从吸收塔的上端喷入，下落过程中与上升的烟气充分混合，烟气中的二氧化硫与碳酸钙等成分发生反应最终生成石膏（二水硫酸钙），达到脱除二氧化硫的效果。脱硫后的烟气经除雾器除去烟气夹带的细小液滴，净烟气经烟道排入烟囱。脱硫石膏浆液经脱水装置脱水后被回收。

氮氧化物的治理措施中选择性催化还原（SCR）法脱硝工艺是应用最多、脱硝效率最高、最为成熟的脱硝技术。在催化剂的作用下，氨气同氮氧化物发生反应，将烟气中的氮氧化物转化成水和氮气，脱硝效率高于90%。选择性催化还原法脱硝应用范围广，脱硝效率高，氨气逃逸量较低，对下游设备影响小。但是此方法投资较高，采用催化剂，反应温度需设置在较低范围（280~420℃）。

煤炭中包含一些有毒的重金属元素，例如汞和砷等。这些重金属元素或其化合物会以烟雾或粉尘状态被排放于大气中，并逐渐沉降入地面或水体。重金属在土壤或水体中不会降解，只能发生迁移，因此会有累积污染效应。目前，国内外正在对燃煤中重金属污染机理进行积极研究，并将结合现有环保设施状况，对烟气产生的重金属进行防治。

自从中国实行大气污染控制以来，燃煤电厂早就告别了"冒黑烟"的历史，排放到大气中的烟气越来越干净，人们肉眼可见的排放物更是少之又少。人们依旧看到电厂的烟囱"肆无忌惮"地冒着"白烟"。其实这些"白烟"的主要成分是水，是烟气经过除尘、脱硫等废气治理设施后产生的水蒸气，而且天气越冷"白烟"越明显。为了消除公众的疑虑，有关行业除了向公众科学普及之外，也正在尝试新的科学技术来彻底消除"白烟"，如声波消白技术等。

（二）灰渣回收利用

一般百万千瓦燃煤发电厂一年大约使用标准煤150万~180万吨，因此燃烧完产生的灰渣量也是巨大的。早些时候，电场的炉灰渣主要是堆放处理，占用了大量的场地资源，并且严重破坏了环境。现如今炉渣用途广泛，用磨粉机磨成粉状，炉渣就能变废为宝，实现回收再利用。如用炉渣代替天然碎石作混凝土骨料、公路路基、铁路道砟、基础垫层等，还可制成渣棉、膨球、铸石、微晶玻璃。农业方面，炉渣可用作改良土壤的肥料等。发电厂的炉灰也可以利用，如制作灰砖、铺路、生产漂珠等保温材料，还可以作为水泥厂的辅助材料，用来提高混凝土的性能。

（三）碳捕集、利用与封存

碳排放和人们每天的衣食住行息息相关，人类几乎每时每刻都在排放温室气体。至于排放量的多少，专家给出的答案令人震惊，2018年全球与能源相关的二氧化碳排放量达到创纪录的330亿吨。

二氧化碳成为温室气体，这是因为类似温室大棚一样的原理。太阳不断地向地球辐射能量，其中大部分经反射重新回到大气，当大气中的二氧化碳浓度增加，大气中的二氧化碳就像包裹地球的一层厚厚的塑料膜，将原本应该散失的热量重新聚集，阻止地球热量的散失，从而升高全球温度，这就是所谓的"温室效应"。人类从会使用火这种工具开始就不断地向大气排放温室气体，但工业革命以来的燃烧规模和强度远非以往可比。若温室效应不断加强，全球温度也必将逐年持续升高。温室气体的排放已造成全球气候变暖等一系列严重问题，引起世界各国的关注。

二氧化碳排放主要来自煤和石油等化石燃料的燃烧，在众多排放源中，燃煤电厂以42%的占比首当其冲。由于中国的能源蕴藏和分布的原因，中国的碳排放量一直居于全球榜首，因此中国所面临的碳减排形势更为严峻。虽然排放量巨大，但碳排放源相对固定集中，这就为二氧化碳捕集、封存与利用技术提供了基础。

碳捕获、利用与封存（Carbon Capture Utilization and Storage，CCUS）技术是一项为实现化石能源高效低碳利用的前沿技术，是该领域一次探索和尝试，对相关技术的发展具有重要意义。同时，该技术所面临的高成本、利用市场不明确等问题和未知挑战使得发展CCUS技术依旧受到争议。

CCUS技术旨在把生产过程中排放的二氧化碳进行提纯，继而投入新的生产过程中。它可以将二氧化碳资源化，使其循环再利用并产生经济效益，而不只是简单地封存（见图2-10）。

中国CCUS技术虽起步较晚，但迫切的形势和有利的研究和应用条件使中国在该领域发展迅速。国家能源集团在中国鄂尔多斯建设的10万吨/年的全流程CCS（Carbor Capture and Storage，CCS）示范工程，将超临界状态二氧化碳注入2243.6米深的地层，是世界第一个定位埋存在咸水层的全流程CCUS项目，标志着国家能源集团掌握了二氧化碳捕集和封存关键技术。中国目前已经成为CCUS技术世界领先的国家之一。

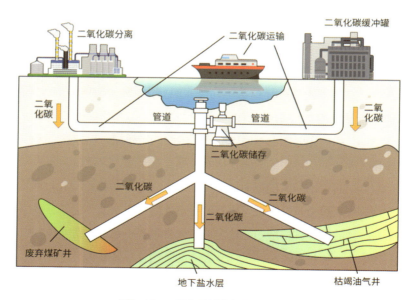

图2-10　二氧化碳捕集与封存原理图

　　尽管国外研究机构已经对CCUS技术有了较长的研究时间，但主要技术仍然处于处于理论研究、实验室应用和小范围示范项目等探索阶段，距离实际应用仍有一段距离。中国具有不可比拟的优越性，目前捕集技术已经初具规模，但需要进一步注重对CCUS核心技术尤其是低能耗吸收剂的投资和研发，在积极探索二氧化碳减排新途径的同时，突出解决二氧化碳重新回收利用问题，完善二氧化碳捕集产业链。

　　把握国际发展趋势，积极开展国际合作，将CCUS技术纳入多边、双边国际科技合作，推动建立国际前沿水平的国际合作平台是中国下一阶段发展方向之一。另外，利用CCUS技术减排二氧化碳的同时，仍然需要继续探索和研究其他节能减排的方式方法，大力实行能源改革，调整现行能源结构，完善偷排处罚机制，大力发展新能源技术。

第二节 · 燃油发电：点燃工业血液

石油，现代工业发展的"工业血液"。作为当今社会最重要的化工原材料，石油已经悄无声息地渗透进人们生活的方方面面。得益于石油化工产业的迅速发展，90%的石油都通过石油化工产业转换成我们生活中的商品，走进千家万户。从塑料到油漆，从杀虫剂到止痛药，各种橡胶制品和布料都有石油的影子。

煤炭和天然气在火力发电中都贡献着巨大的力量，那么石油作为三大化石能源之一，是否也能够通过燃烧来进行发电呢？答案是肯定的，燃油发电作为火力发电的重要组成部分，同样也在发电行业中扮演重要角色。

燃油发电主要分为两种，一种是和燃煤电站类似的大型燃油电站，其基本工作原理和燃煤发电相同，只是把燃料由煤换成了油。在石油资源丰富的国家和地区，如沙特阿拉伯等中东国家大型燃油电站却得到了较好的发展。

另一种是基于内燃机原理的中小型柴油发电机，主要用于临时发电和停电后的备用电源。以燃油为燃料，以内燃机为原动机驱动交流发电机运转，从而将机械能转换成电能。按照燃料的不同，可以将燃油发电机分为柴油发电机、原油发电机、汽油发电机、重油发电机和生物燃油发电机等。这些燃油发电机具有机械效率高、污染排放低、可靠性高等优点。

根据所用的燃料，火力发电技术可分类为燃煤发电、燃油发电和燃气发电。曾经我国也大力发展过燃油发电技术，但最终由于国际油价的不稳定以及中国资源分布的特点等因素而转为以燃煤发电为主。人们对燃油发电却并不陌生，在日常生活中经常能看到柴油发电机。作为一种临时电源，柴油发电机可以在人们的生活中主要起到备用电源的作用，持续稳定地发电帮助人们解决停电带来的困扰。

一 黑色精灵：远古阳光的馈赠

石油是一种流动或半流动的黏稠性液体，一般是暗色的，有暗黑、暗绿、暗褐色数种，也叫原油。石油能放出超出它开采成本百倍的能量，它有着惊人的高能效，不得不承认石油的使用是如此便利。在石油出现之前，人类一向靠燃烧原木与煤炭获取能量。从石油发现到现在的150年间，作为简易、便捷、廉价且来源充足的能源形式，石油迅速填充了人类发展的每一个角落，利用石油的方式改变着世界。

对于石油的形成过程，现在主要有两种说法。一部分地质学家认为石油是由古代的有机物通过漫长的加热和压缩后形成的，这种形成方式和煤与天然气的形成方式一致。由这个理论出发可以推测出石油是由史前海洋动物和藻类死亡后其尸体转化而来的，这些物质经过漫长的地质年代与淤泥结合，埋在厚厚的沉积岩下，在高温高压的作用下最终慢慢转化为石油。随后石油在地质层中慢慢流动汇聚在一起形成油田，通过钻井和泵取过程，人们可以从油田中获得石油。同样的原理，陆地上的植物遗体最终会变成煤。

对于石油的形成还有另一种说法——非生物成油的理论，是由天文学家托马斯·戈尔德在俄罗斯石油地质学家尼古莱·库德里亚夫切夫的理论基础上发展的。这个理论认为石油是由地壳中本身已经有的碳形成的，这些碳在地壳中以碳氢化合物的形式存在。这些碳氢化合物由于比岩石空隙中的水轻而向上渗透最终汇聚成石油。石油中的生物标志物是由居住在岩石中的、喜热的微生物导致的，与石油本身无关。

据史料记载，从两千多年前的秦朝开始，中国古代人民就陆续在陕西、甘肃、新疆、四川、山东、广东、台湾以及华北地区等30多个县，发现了石油和天然气，并加以采集和利用。中国古人用竹筒盛装石油并用帆船运输。公元前3~1世纪，中国在四川临邛（今邛崃市）就发现了天然气，当时称为"火井"。世界上最早记载有关石油的文字，见于中国东汉史学家班固（公元32~92年）所著的《汉书》中。中国不仅是世界上最早发现、利用石油和天然气的国家之一，而且在石油钻井、开采、集输、加工和石油地质等方面，都曾创造过光辉的业绩，处于世界领先水平。历史上，石油曾被称为"石漆""膏油""肥""石脂""脂水""可燃水"等，直到北宋时科学家沈括（公元1031~1095年）才在世界上第一次提出了"石油"这一科学的命名。

在国外古代时石油曾被当作沥青使用，或者涂抹到船的外部当作保护涂层，希腊人将石油混入硫磺，放入陶罐制作武器以摧毁敌舰。初期人类对石油需求量很少，但最终由于美国抹香鲸的短缺开始了人类的石油时代，从石油中提取煤油的方法发现使得石油替代传统的抹香鲸油成为人们照明的首选。从此以后，石油相关产业迅速发展，石油化工产业使得石油的使用范围不再局限于提供能源，各种化工产品的产出和使用使得石油逐渐成为现代工业不可或缺的一部分，被誉为"工业血液"，现在商店中95%的商品某种程度都从石油提取，它们或含有石油，或提炼自石油。

人类什么时候会耗尽石油？其实从人类产出的第一桶油时开始，在不知不觉的160年间，人类已经使用了地球上一半的石油，石油的消耗速度如此惊人，有人估算地球储备的石油还够人类使用100年，但没有人知道石油耗尽之后人类还能依靠什么继续维持如此高的能量需求，而且新型清洁能源又不能在短时间内填补石油短缺带来的如此大的缺口，所以解决石油短缺问题在未来将是人类需要解决的首要问题。"宜未雨而绸缪，毋临渴而掘井"，人类不仅要着眼于现在的发展，同时要为人类的未来考虑。

二 奇妙旅程：油种各异，殊途同归

在原油中碳氢化合物种类数以千计且形态及大小各不相同，将石油中的不同物质分离的技术叫作石油分馏（见图2-11）。工业上先将石油加热至400~500℃之间，使其变成蒸汽后输进分馏塔。在分馏塔中，位置愈高，温度愈低。石油蒸汽在上升途中会逐步液化，冷却及凝结成液体馏分。分子较小、沸点较低的气态馏分则慢慢地沿塔上升，在塔的高层凝结。分子较大、沸点较高的液态馏分在塔底凝结，

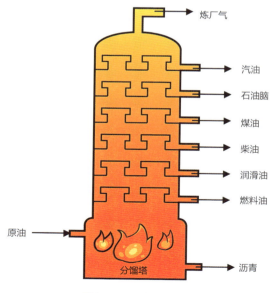

图2-11 石油分馏过程

可作为焦化和制取沥青的原料或作为锅炉燃料。不同馏分在各层收集起来，最终再经过工业过程制成各种产品。

（一）燃油发电锅炉

　　燃油锅炉所采用的燃料，多是石油分馏后得到的重油或轻柴油。燃油锅炉的工作过程和燃煤锅炉类似，主要包括以下三个过程：油不断剧烈氧化的燃烧过程；火焰和高温烟气不断把热量传递给炉内水的传热过程；水在炉内不断流动循环，吸热升温的汽化的水循环过程及汽化过程（见图2-12）。这三个过程在锅炉内不断进行，是通过包括锅炉附属设备及仪表附件等两个工作系统来实现的。这两个系统是汽-水系统和油-风-烟系统。汽-水系统是以受热面的锅炉本体为中心，与水泵、水处理设备等附属设备组成的工作系统，担负着向锅炉供水、吸取热量到输出蒸汽的任务。油-风-烟系统是以炉膛及燃烧设备为中心，由风机等附属设备共同组成。这个系统在炉内形成燃料放热，然后将燃烧产物放出。

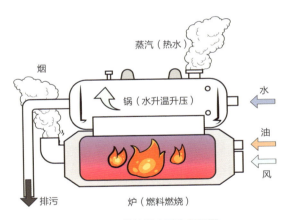

图2-12　燃油发电工作原理图

　　在燃油锅炉中，燃料是基础，产生蒸汽或热水是目的，这两者是通过传热联系起来的。油在炉内燃烧产生出的热量，由火焰或烟气通过金属壁传给水、蒸汽或空气的过程，称为"传热"。传热总是由高温物体向低温物体进行，两个物体的温度差越大，传热速度越快，效果就越好。传热方式有导热、对流和辐射三种。在锅炉的实际运行中，三种传热方式都存在着，在炉膛中，存在着火焰对炉的辐射传热，也存在着高温烟气的对流传热，但以辐射传热方式为主；在烟道中，存在着烟气的对流传热，也存在着烟气的辐射传热，但以对流传热为主。

（二）柴油发电机

柴油发电机是由柴油机、发电机、控制箱、燃油箱、启动和控制用蓄电瓶、保护装置、应急柜等部件组成的，以柴油为燃料、以柴油机为原动机的动力机械整体。柴油发电机可以固定在基础上定位使用，亦可装在拖车上供移动使用。柴油发电机组属非连续运行发电设备，若连续运行超过12小时其输出功率将降低，所以柴油发电机一般只用作临时电源，解决短时间的电力短缺问题。尽管柴油发电机组的功率较低，但由于其体积小、灵活、轻便、配套齐全、便于操作和维护等优势，所以广泛应用于矿山、铁路、野外工地、道路交通维护，以及在工厂、企业、医院等部门作为备用电源或临时电源。

在柴油机汽缸内，洁净的空气与喷油嘴喷射出的高压雾化柴油充分混合，在活塞上行的挤压下体积缩小，温度迅速升高达到柴油的燃点。被点燃的混合气体剧烈燃烧，体积迅速膨胀，推动活塞下行称为"做功"。各汽缸按一定顺序依次做功，作用在活塞上的推力经过连杆变成了推动曲轴转动的力量，从而带动曲轴旋转。

1882年，德国狄赛尔提出柴油机的工作原理，并于1896年制成了第一台四冲程柴油机。柴油机技术在一百多年来得到全面的发展，应用领域逐渐广泛。研究结果表明，柴油机在所有动力机械中具有热效率最高、能量利用率最好、最节能的优点。随着全球车用动力"柴油化"趋势的逐渐形成，柴油机已经广泛应用于船舶动力、发电、灌溉、车辆动力等领域，据专家预测，在今后20年甚至更长的时间之中，柴油机将成为世界车用动力的主流，世界各国政府在税收、燃料供应等方面都采取措施推动柴油机的发展与普及。

三　平凡之路：燃油电机走进千家万户

在中国电力发展史上，有两次燃油电厂快速发展的历史，都因为遇到石油危机被迫中止。

第一次是在1970年左右，从1966年开始在燃煤电厂掺烧石油，1970年冬正式提倡烧油，结果不到3年出现了世界石油危机，导致油价扶摇直上，被迫于1976年开始压缩烧油。由于燃油电厂已经建起，每年的燃油消耗还是在增加，到1979年耗油量达到顶峰，大约有1967万吨。由于压缩烧油，燃油量有所下降，但到1990年电厂燃油量下降相较1979年还不到20%。

第二次是在改革开放之后，沿海经济发达地区由于严重缺电，又一次被迫发展燃油电厂。截至1997年，全国燃油机组增加到1726万千瓦，这还不算未纳入统计的小柴油机组，这次燃油电站的容量可能比第一次烧油电站的规模大一倍左右。然而，此次燃油又碰到了1999～2000年世界石油价格暴涨的危机，石油价格一度上涨到每桶30美元以上，于是许多燃油电厂纷纷停运，造成了广东和东南沿海一些省市电网的电力供应紧张。

经过以上两次大力发展燃油火电厂的经验教训，可以看到中国电力发展要立足于水力发电和燃煤发电。从世界石油、天然气资源存量来看，已经不可能允许中国大规模发展燃油电厂，中国应立足于水力发电、燃煤发电、核能发电和其他可再生能源发电，不仅要调整好发电结构，还要加快发展适应的电力结构配套较大的备用容量，不再出现上述两次的电力短缺的情况。

燃油发电这种方式并没有从此销声匿迹，作为一种稳定性良好、效率高的发电方式，燃油发电虽然不能成为主流的发电方式，但是由于柴油发电机的广泛应用，燃油发电作为临时供电方式现在已经广泛应用于各地的医院、政府、商场等地，作为高峰用电时期的一种临时补偿供应。

广东湛江奥里油发电厂——中国燃油发电最后的尝试

小贴士

湛江奥里油发电厂工程项目作为国家重点扶持项目，在2004年开始建设，初期目标是建设世界上最大的燃油电厂，一期建设规模为2×60万千瓦，计划2006年一季度投产，建成之后预计将有助于缓解广东省缺电的局面，能够优化电源结构，提高电网的可用性。然而，在国家以燃煤发电为主的指导思想下，该电厂于2010年开始油改煤工程，该工程于2009年10月开工建设，2011年9月建成投入试运行，将已经建好的2×60万千瓦燃油机组改为2×60万千瓦国产亚临界燃煤机组，同时建设相应的码头等设备，曾经规划的燃油发电厂也最终改为了燃煤发电厂。

四 热点聚焦：安全发电与环境友好

　　燃料燃烧过程会产生颗粒物、二氧化硫和氮氧化物等大气污染物，这些大气污染物对于人体健康、气候变化和空气质量等都会产生很大的影响。近年来中国对于燃煤电厂锅炉大气污染物排放进行了大力研究和管理，但对于量多面广的小型燃油锅炉大气污染物的环境影响与管理控制的研究则相对较少。燃油锅炉在中国大中型城市正在得到广泛的应用，虽然燃油锅炉在中国的使用数量、应用范围远不及燃煤锅炉，但燃油锅炉以其体积小、效率高、结构紧凑、方便实用等特点正在迅速发展，其燃烧过程产生的污染物也不容忽视。

　　相较于燃煤锅炉，燃油锅炉的颗粒物排放远远低于燃煤锅炉的排放，但在二氧化硫和氮氧化物方面的污染却远远高于燃煤锅炉，所以燃油锅炉的排放对于环境的污染是一个不容忽视的问题。

　　柴油发电机具有高效便利的特点，使得柴油发电机的民用领域拓展迅速。但是由于使用者对于柴油发电机的运行特性不了解，近年来发生了一些使用事故，所以接下来对于使用柴油发电机时的一些注意事项进行介绍。

（一）一氧化碳中毒事件

　　2012年在北京的朝阳区，4名男子因一氧化碳中毒身亡。事后据警方初步判断，4人系因违规在室内使用柴油发电机引发的一氧化碳中毒。一氧化碳进入人体之后会和血液中的血红蛋白结合，产生碳氧血红蛋白，进而使血红蛋白不能与氧气结合，从而引起机体组织出现缺氧，导致人体窒息死亡，因此一氧化碳具有毒性。一氧化碳是无色、无味的气体，故易于忽略而致中毒。柴油发电机工作时，会产生许多气体产物，包括一氧化碳、二氧化硫等，这些气体都是有毒有害的，故不要在室内以及空气流通不好的地方使用柴油发电机，以防止发生一氧化碳中毒等严重后果。

（二）噪声污染

生活中人们有时会在大街上见到正在工作中的柴油发电机，这些发电机在工作时由于机械运动会产生大量的噪声。柴油发电机工作时的噪声强度接近于飞机起飞的噪声，如果长时间处于高强度噪声之中会造成身体疲倦，并会导致头晕、头痛、失眠、多梦、记忆力减退、注意力不集中等神经衰弱症状，所以不应长时间处于高强度噪声之中。

五 发展前景：因地制宜——燃油发电大有可为

纵观全球，燃油发电量占化石燃料发电总量的比重也很小。据2017年的数据统计，燃油发电量仅占全球化石燃料发电总量的3.5%。然而，对于中东大部分国家和其他地区一些石油资源储备量巨大的国家，就不存在石油资源紧缺的问题，因此燃油发电能够在这些地区发挥更大的作用。比如沙特阿拉伯，其燃油发电量占全球燃油发电总量的17.5%。

在燃油发电站建设方面，作为石油大国的沙特阿拉伯利用其丰富的资源，大力开展燃油发电站的建造工程。由中国电建集团所属山东电建三公司承建的沙特阿拉伯延布三期5×66万千瓦燃油电站是目前全球在建规模最大的燃油电站项目，是沙特阿拉伯重要的民生工程与政治工程。该项目秉持共建共享理念，在为沙特阿拉伯带去电力的同时，为来自"一带一路"沿线十余个国家的13000多人提供了就业机会，也为沙特阿拉伯政府"2030发展愿景"的顺利实现提供了强劲动力。

再以伊拉克为例，伊拉克的基础设施在2003年的"伊拉克战争"中遭到重创，电力供应严重不足，中国充分发挥其资源优势对其进行援助，在距离首都巴格达120千米建立了华事德4×33万千瓦燃油电站，其中，1、2、3号机组分别于2013年6月4日、2012年12月23日、2013年11月10日完成并网发电。

电站全部建成后能较好缓解伊拉克电力短缺的局面，并满足目前伊拉克基本用电需求。

　　燃油发电在未来的发展趋势已经初见雏形：在以石油为主要资源的地方使用燃油发电，建设大型燃油发电厂；在中国燃油发电以中小城市的小型燃油发电机和民用柴油发电机的方式作为用电高峰期的补偿，或者作为停电时的临时电源。因地制宜的发展策略使得燃油发电能够持续为人类发展提供能源，也为未来的发展指明了路线。

第三节 ♦ 燃气发电：掌控熊熊烈火

　　燃气发电，这个很多人不了解甚至没听过的发电方式，为何能跻身中国发电装机容量的前五名？这得从燃气发电的关键部件——燃气轮机说起。

　　航空发动机素有"工业之花"的称号，而超大型燃气轮机要用一个词来形容的话，那就是"皇冠上的明珠"。燃气轮机是21世纪动力装置的核心设备，燃气轮机的技术发展程度代表着国家工业基础的先进程度，而超大型燃气轮机是公认的最难制造的机械装备。

　　人们日常生活中接触到的汽车、飞机、船舰，大多采用内燃机作为动力驱动装置；而蒸汽轮机则是燃煤电站的主力军；燃气轮机是航空、舰船、工业、发电站的动力装置；火箭发动机主要为火箭提供动力。这四种动力设备都属于热能动力装置，只不过依据使用对象不同，其结构和制造工艺有所不同。

　　燃气发电的电站占地面积小，联合发电形式的发电效率可达60%以上，发电过程清洁环保。目前商业化最精尖的代表——西门子SGT5-8000H重型燃气轮机，功率为40万千瓦。

　　燃气发电的优势突出，但是燃气轮机的制造、天然气的价格等也成为中国燃气发电高速发展的制约因素，在能源利用朝着更加清洁、更加高效的方向前进过程中，燃气发电也会逐渐打破所面临的瓶颈，成为中国火力发电的中坚力量。

● 一　燃气轮机：装备制造业"皇冠上的明珠"

（一）燃气轮机的工作原理

　　利用燃料燃烧加热循环工质，使热能转换为机械能的一种热机叫外燃机，比如蒸汽机。早在17世纪，人们就提出将蒸汽的能量转化为机械能的想法，瓦特将蒸汽机改良后，其性能大幅度提升并被逐渐投入使用。

　　为什么不直接利用燃料燃烧来做功呢？荷兰物理学家惠更斯想用火药爆炸获取动力，但是火药使用起来难以控制。在1794年，英国人斯特里特首次提出在燃烧室内将燃料和空气混合的想法，从可控的燃烧中获取动力。活塞式内燃机的灵感就来源于此。经过不断完善，1876年德国发明家奥托成功创造出第一台往复活塞式内燃机；旋转式内燃机在工程师解决密封问题后也迅速被人们利用起来。

燃气轮机就是一种旋转式内燃机，由于航空燃机和地面燃机关注点不同，航空燃机关注的是输出功率，而地面燃机首先考虑效率，这里主要介绍应用于发电的燃气轮机是如何工作的。

燃气轮机工作的基本原理是通过压气机压缩空气，将空气连续不断地送入燃烧室，燃烧室内的燃料在空气中燃烧，得到连续流动的高温、高压气体，推动燃气透平高速旋转，最终带动发电机发电（见图2-13）。

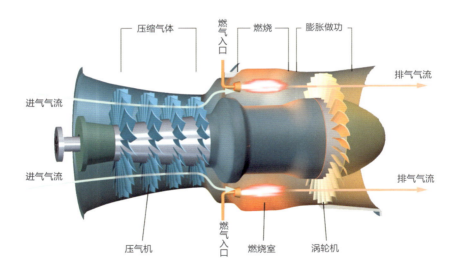

图2-13　燃气轮机工作原理图

由压气机、燃烧室和燃气透平三大部分组成的燃气轮机循环通称为简单循环。此外还有回热循环和复杂循环。燃气在透平中所做的机械功，除了用来带动压气机外，剩余的部分可以用来驱动负载，比如发电机，燃气在燃烧室的燃烧温度能达到1000℃以上（见图2-14）。

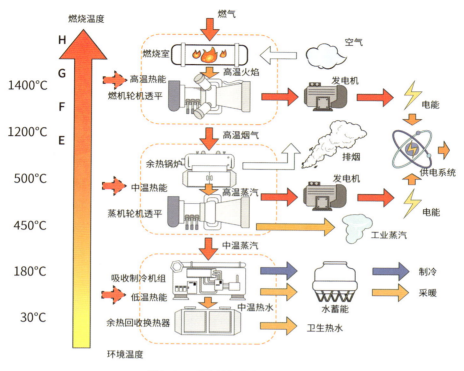

图2-14 燃气轮机发电工作原理图

小贴士

燃气轮机为什么要有压气机这一结构？

  燃气轮机输出功的2/3都被压气机所消耗，为什么需要压气机呢？首先，压气机向燃烧室提供了源源不断的空气，燃料利用率能更高。其次，在燃烧室燃烧后的高温气体达到一定压力后其热效率会大幅度提高，如果找到合适的增压比，能使燃气轮机功率最大化。最后，虽然压气机需要消耗大部分输出功，但是燃气轮机整体输出功很大，即使只能利用其中一小部分，也是很可观的。

（二）燃气轮机的发展历史

　　燃煤发电和燃气发电都属于火力发电，与燃煤发电采用的汽轮机不同的是，燃气发电所使用的关键设备是燃气轮机。从走马灯这种手工品到现代的高精尖设备代表，燃气轮机的蜕变过程展示了人类智慧的进发。

　　追溯到公元1000年，走马灯已经被南宋的许多古籍所记载，这也是燃气轮机的最早雏形。意大利人达·芬奇在3个世纪后设计出了一种烟气转动装置（见图2-15），这种装置和走马灯原理相似。随着人们对科学技术的认识不断深入，17世纪中叶以后透平原理被广泛地应用起来。

　　1791年，第一项燃气轮机发明专利由英国人约翰·巴伯申请获得，在这个专利中第一次对燃气轮机的工作原理进行了科学的阐述。

　　1918年，斯坦福·莫斯博士在通用电气公司（General Electric Company，GE）组织成立了燃气轮机部门，这也是通用电气公司现今在燃气轮机领域居于前列的基础。

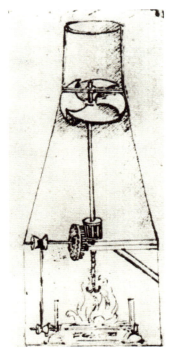

图2-15　达·芬奇烟气转动手稿

　　1939年，瑞士BBC公司研发了世界第一台发电用重型燃气轮机，标志着发电行业由汽轮机进入了燃气轮机时代。这台重型燃气轮机机组出力0.4万千瓦，效率17.4%，转速3000转/分钟，透平进口温度550℃。由瑞士纳沙泰尔市电力局采购，作为备用电站运行。1995年，机组检修时状态仍然良好。直到2002年8月18日，历经1908次启停，服役63年之久的世界上第一台商用发电燃气轮机由于发电机损坏而永久关停。2005年，阿尔斯通公司接收该燃气轮机，并将其运回位于瑞士比尔的原BBC公司制造工厂陈列。

　　航空发动机就其工作原理而言，也可以叫作航空燃气轮机，它和地面燃气轮机于1939年同时问世，航空燃气轮机逐步成为各种类型飞机的动力设备，地面燃气轮机和蒸汽轮机、内燃机则为电力、船舶提供动力。西方国家和苏联为争夺空中优势，满足军用飞机发展要求和争夺世界民用飞机市场，不惜投入巨资、集中高科技人才大力研发航空燃气轮机，推动了航空燃机技术和制造业的迅猛发展。

在航空燃气轮机问世10年之后，用航空燃气轮机改型的轻型燃气轮机以其先天的技术优势，较广泛地应用于电力、船舶。由于轻型燃气轮机的出现，此前和航空燃气轮机一块出现的地面燃气轮机受到蒸汽轮机设计技术的影响而相对笨重，因而被称为重型燃气轮机。重型燃气轮机受技术投入的限制，其性能曾一度低于航空及航空改型的燃气轮机。20世纪80年代以后，重型燃气轮机在继承自身传统结构优点的基础上，学习航空燃气轮机的先进技术，使性能大幅度提升，特别是大功率档次的重型燃气轮机的性能已超过轻型燃气轮机。自此，航空和地面重、轻型燃气轮机已经成为热能动力装置中最先进的类型，谁掌握了先进的燃气轮机技术，谁就掌握了21世纪动力的未来。

通用电气、西门子和三菱公司起步早、投入大，在漫长的发展过程中各自形成了完整的技术体系和产品系列并垄断了全球市场。此后，燃气轮机进入全球市场阶段，燃气轮机E、F、H级技术发展迅猛，燃气温度不断提高，目前能达到1600℃，单循环效率由刚开始的20%提升至40%左右，联合循环效率更是突破60%。在世界发电占比中，燃气发电量超过总发电量的五分之一，未来也将不断发展，世界能源组织预测到2030年这一比例将达到25%以上。

了解燃气轮机在全球发展概况后，中国燃气轮机行业的历史又有哪些故事呢？在1949年前国内没有燃气轮机工业，20世纪50年代之后全国各地开始研制一些陆海空用的燃气轮机。1956年中国制造的第一批喷气式飞机试飞，1964年南京汽轮电机厂制成1500千瓦电站燃气轮机，1984年与通用电气公司合作生产了3.6万千瓦燃气轮机。

此后，在2004年R0110燃气轮机完成72小时带负荷试验运行考核，这也是中国第一台具有自主知识产权的重型燃气轮机。运行考核的完成验证了R0110重型燃气轮机的设计结构等多项指标，是中国重型燃气轮机自主研制的重要里程碑。

2013年底，R0110重型燃气轮机完成168小时联合循环试验考核，各项性能均符合要求。此次试验考核的结果表明了R0110重型燃气轮机研制的成功，这也标志着中国成为世界上第五个具备重型燃气轮机研制能力的国家。

2017年，中国燃气轮机行业产量4867台，进口量889台，出口量1460台。随着中国燃气轮机技术的不断突破，燃气轮机市场稳步增长。

燃气轮机E、F、G、H级技术是怎么分级的？

燃气轮机结构复杂，部件关联度高，其技术等级的提升，不是简单某个参数的改变，而是涉及压气机与透平气动设计优化、透平冷却改善、结构优化等多个方面，但总体来说燃气轮机的燃气透平前工质温度往往反映了该机组的技术水平。通常燃气轮机的技术等级与燃气透平前工质温度对应大致为：1100~1200℃为E级，1200~1400℃为F级，1400℃以上为H级。

针对重型燃气轮机，可根据功率来划分。例如较早之前研制出来的B级燃气轮机的功率小于等于10万千瓦；E级燃气轮机的功率介于10万~20万千瓦之间，而F级燃气轮机的功率介于20万~30万千瓦之间，更高等级如G级、H级功率则在40万千瓦左右甚至更高。

高速旋转的"内燃机"：燃气燃烧推动透平发电

目前采用燃气轮机发电的形式主要有以下几种：

（一）简单发电

简单循环发电是指由燃气轮机和发电机组成的发电方式。由于这种发电形式部件少，起停灵活，多用于电网调峰、交通及工业动力系统。

（二）燃气蒸汽联合循环发电

在燃烧室燃烧后的高温气体做功后排出燃气轮机的温度还有500℃左右，为了充分利用排气余热，一般发电厂都会在简单循环发电方式的基础上，增加余热锅炉、蒸汽轮机等余热发电装置。这种组合发电形式可以将燃气轮机排出的高温烟气中的热量，通过余热锅炉回收起来，使用这部分回收热量加热锅炉中的水使之变成蒸汽，进入蒸汽轮机进行发电。这种发电方式称为燃气轮机联合循环（Combined-Cycle Gas Turbine，CCGT）也可以称作燃气–蒸汽联合循环（见图2–16）。

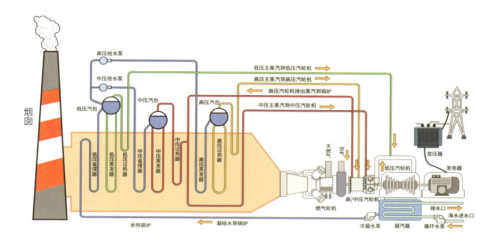

图2–16 燃气–蒸汽联合循环发电工作原理图

（三）整体煤气化循环发电

与传统的煤燃烧利用过程不一样，煤气化因为先将固体煤变成煤气，经过去除粉尘、硫化物等污染物，最终形成的是清洁的煤气燃料。而整体煤气化联合循环发电（Integrated Gasification Combined Cycle，IGCC）将燃气–蒸汽联合循环发电和煤气化技术结合，集成了煤气化的洁净环保与燃气–蒸汽联合循环发电的高效，是一种有发展前景的洁净煤发电技术。其发电原理是煤经气化之后去除污染物变为清洁的煤气，成为燃气轮机的气体燃料，之后的过程同燃气–蒸汽联合循环发电过程。值得一提的是，IGCC发电的净效率可以达到43%~45%，而经过洁净煤气化过程之后，燃烧产生的污染物排放量仅为常规燃煤电站的1/10，耗水量只有常规电站的1/2~1/3，具有较高的环保价值。

（四）天然气分布式能源

天然气分布式能源可以制冷、供暖和发电，讲究的是"温度对口、梯级利用"，也就是说最大限度地利用能源、避免能量浪费。天然气分布式能源的综合利用率要求不低于70%，多采用燃气内燃机、小型燃气轮机、微型燃气轮机、燃料电池等小型或微型发电设备，并与供热、制冷、生活热水等装置组成能源供应系统。

三　机遇和挑战：燃气发电现状与趋势

相信很多人对中国能源状况描述"富煤、贫油、少气"这六个字都不陌生，作为燃气电厂的主要燃料，中国天然气资源真的像描述的那么少吗？为什么燃气发电不像其他发电方式那样被人们所熟知，它发展到什么地步了？

（一）中国天然气资源现状

中国天然气资源区域主要分布在中国的中西部盆地。同时，中国还具有主要富集于华北地区的煤层气远景资源。

近年来中国在新能源领域的开采不断取得新的突破，2017年3月中国首个大型页岩气田累计供气突破1百亿米^3，中国海南的可燃冰试采成功，取得了历史性的突破，提高了中国的天然气供给能力。

十几年的艰苦勘探表明，中国是一个天然气资源大国，在中国的陆地和管辖海域下蕴藏着十分丰富的天然气资源，据专家预测资源总量可达40万亿~60万亿米^3。

同时，中国实行"西气东输"策略，将分布不均的天然气资源合理输送到各省区，增加清洁能源使用量，改善了燃用散煤的状况，也免去了居民更换煤气罐的不便，对环境保护意义重大。仅用"西气东输"一、二线工程每年输送的天然气量换算，就可以减少燃用标准煤1.2亿吨，减少二氧化碳排放2亿吨。

陕西（鄂尔多斯盆地）、新疆（塔里木等）和四川（天然气储量第一，页岩气储量丰富）是国内生产天然气的主要省份，3个省份生产的天然气占全国总产量的70%以上。值得一提的是，位于陕西鄂尔多斯盆地北缘的中国石油天然气集团有限公司苏里格气田，作为中国首个探明储量超万亿米^{3}的大气田，其年产气量超过230亿米^3；位于四川省达州市的普光气田，作为国内规模最大、丰度最高的海相高含硫气田，年产能超过100亿米^3，是"川气东送"工程的气源地。

国外进口的天然气包括两个部分：一个是管道气，另一个是液化天然气（LNG）。根据中国石油集团的《2018年国内外油气行业发展报告》，中国天然气的海外进口依存度约为45.3%左右，主要从澳大利亚、卡塔尔，东南亚的马来西亚、印度尼西亚，以及中亚的哈萨克斯坦、土库曼斯坦等国进口。其中，管道气来自土库曼斯坦的进口量最多，而液化天然气则来自俄罗斯和澳大利亚的进口量则最多。

（二）燃气发电的现状和趋势

燃气发电与其他发电形式相比，并没有过多地出现在大众的视野之中，其实对比常规燃煤发电，燃气发电还是有很多优势的。大型9F级燃气-蒸汽联合循环发电热效率达到60%左右，远高于目前燃煤电厂的热效率。燃气发电几乎不排放二氧化硫及烟尘，二氧化碳排放量和折合标准煤耗都大大降低，环境保护意义重大。此外，燃气发电机组能够灵活启停，符合电网调峰的要求，而且燃气电厂占地面积一般为燃煤发电厂的一半，耗水量小，能够在城市负荷中心实现就地供电。

然而受资源禀赋限制，在过去很长一段时间内，燃气发电在中国一直不受重视，发展较为缓慢，直到20世纪90年代，燃气发电才开始逐渐起步并日益壮大。进入21世纪，中国燃气发电比重逐步提升，目前装机容量占比5%左右；美国、英国燃气发电占比在40%左右。相比发达国家，中国燃气发电装机容量及发电量所占比重都非常低，未来仍有很大的发展空间和面临一系列的挑战。

中国探明的天然气储量巨大，但是开采和安全运输还需更高标准的技术支撑，天然气进口依存大，加上对环境保护的需求增大，导致天然气供不应求，这些因素使天然气价格居高不下。燃气电厂发电成本约为燃煤发电的2倍，其中有70%～80%是燃料费，各地的燃气电厂都需要政府补贴去弥补亏损，天然气价格是影响燃气发电经济性最重要的因素之一。

同时，燃气电厂所使用的的燃气轮机自主化道路曲折。可以想象，在燃气轮机的燃烧室和燃气透平中要达到1000℃以上的高温，需要极高的材料要求和设计制造水准，这绝不是实验室中一次材料的耐高温实验成功就能满足，每一个组成部分的设计和制造，考验的是整体工业水平。以燃气透平中的叶片为例，除了精密的铸造和精准的温度要求以外，还需要耐冲击、耐高温的材料研制和长期的寿命实验、经验积累。即使研究透彻将叶片做到极致，它也只有3万～5万小时的使用寿命，到达期限之后必须更换，否则可能会给燃气轮机带来更大的损伤。如何确定叶片在5万小时的工作时间后仍能安全运行？所以，早些年发展起来的燃气轮机制造商都要经历极限工况下叶片5万小时连续不断的材料试验。1年有8000多小时，这5万小时的叶片实验要做将近6年。从最基础的设计到寿命期限的研究，每一方面都代表着时间、人力和资金的巨额投入。燃气轮机整机制造商们，为了防止第三方服务商的竞争，将长期服务合同捆绑到新机销售中，售后服务业务垄断更趋于强势。燃气轮机研发、制造和维修都意味着高额资金的投入。

在发电运行方面，燃气电厂主要有两类，一类是在电网负荷处于高峰或者低谷时运行的电厂，负责电网调峰任务，另有一类是将发电和供热集合在一起的天然气热电联产电厂。在供热需求的上升的冬季，两类燃气电厂难以获取充足的气源，调峰电厂无法正常发挥电网调峰作用，而热电联产电厂也难以保障发电量。另外燃气上网电价定价机制与气价没有联合调整机制，无法体现燃气电厂调峰及环保价值。

中国能源结构的调整势在必行，环境问题的改善迫在眉睫，这些因素都与燃气发电的优势不谋而合，未来中国燃气发电的市场需求空间将非常广阔。在全球燃机市场向着更高效率突破的同时，中国对于燃气发电的定位和政策也应更加明朗。在政策约束、环保需求、科技发展等多重因素推进下，在以往积累的经验与教训的基础之上，更多的可能等待着人们去发现，一场属于燃气发电的盛宴，正等待着人们去开启。

四 热能利用："温度对口，梯级利用"思想

热能的利用由来已久，人们在生活中对热的利用已经习以为常。然而，18世纪蒸汽机的出现，使人类找到热能利用的新思路，将化石能源转化为机械能来承担人的体力难以胜任的劳动，由此能源动力研究全面展开。每一次能源动力技术与设备的革新，都极大地推动了人类社会的发展。对于化石能源的有效利用启发了人们对于能量转化的新思路，推动了内燃机、燃气轮机与汽轮机的发展，为电气化时代的到来创造了条件。但是以燃煤发电为例，发展到现

在，想要继续提高发电效率越来越难，这意味着的简单热力循环已经越来越不能适应发展的需要。

20世纪80年代初，中国通过对能量利用等问题的剖析和整理，主张要抓住各种能源的特点，在一个系统中合理地安排不同的能源类型以使其发挥最大的优势，这种理念对能源动力的发展应用具有重要的指导意义。概括来说，这是基于热能品位概念的"温度对口、梯级利用"理念，普遍适用于热能利用的问题。

图2-17表示了各种能源经过多种设备转化为各种不同形式的能来使用的情况。能的梯级利用的主要思路是联合循环梯级利用，即高品位（高温）的热能先在高温热力循环（如燃气轮机）中做功；中低品位（中低温）排热回收，在中低温热力循环（如汽轮机）中做功，减小热能损失，使能的利用最大化。此外还有高效利用系统中低温热能和冷热电联产系统的梯级利用。

预测世界能源动力发展趋势和前景，提出综合考虑能源的梯级利用、关联各用能系统的思路，这种整合优化的利用系统叫作总能系统。这种理论侧重阐述了燃气轮机总能系统的概念及其基本组合形式，以及大幅度提高能源利用率的能力，把燃气轮机发展应用提高到系统高度，形成崭新的系统节能的科学用能思想。进而从"能的梯级利用与总能系统"思想的视野，提出了总能系统利用的几个可行性较高的发展方向，分别是大型燃气-蒸汽联合循环、整体煤气化联合循环、三联产（电、热、燃料气）和多联产（电、热、燃料气、化工产

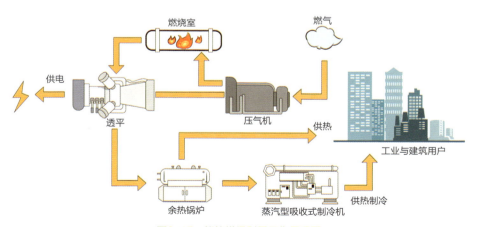

图2-17 能的梯级利用工作原理图

品）等，这几种发展方向对国内外能源利用都产生了深远的影响。

　　提到能的梯级利用，就不得不提目前正在兴起的分布式能源。分布式能源受到"能的梯级利用"思想的影响，在中国逐步发展起来，目前分布式能源主要是指在用户这一端直接安装的小规模、分散式的发电、制冷或者制热系统。这种在用户端能独立运行的系统所使用的能源包括太阳能、风能、燃料电池和燃气冷、热、电三联供等多种形式。分布式能源通过电、热、冷和储能技术结合的方式，给予用户直接的多种能量供给，实现了能源的梯级利用，并能够通过公共能源系统提供必要的支持，使能源利用高效化。

五　前沿技术：耐高温奥秘与新型燃气轮机

（一）H级燃气轮机

　　H级燃气轮机运转时，内部燃烧室的温度可以达到近1600℃的高温，比火山岩浆还要热，绝大部分的金属在这个温度下都会熔化。

　　1台西门子H级燃气轮机的燃烧室中配有大概500块隔热瓷片，在隔热瓷片受热面一侧的温度将近1600℃，而另一侧的温度仅有600℃，这些大约4厘米厚的陶瓷隔开了近1000℃的高温。燃烧室中的气体还会以堪比龙卷风的速度（100米/秒）不断冲击着燃烧室。所以这些瓷片还必须具有抵抗强大冲击力的能力——甚至要超过应用于航天飞机上的隔热瓷片。

　　有了隔热瓷片，可以将燃烧室的高温与外界隔绝，那么在燃气轮机透平中的一个个叶片怎么办呢？单靠材料的耐高温性是不够的，燃气轮机的燃烧室采用了最先进的冷却技术。

　　燃气轮机的透平叶片都是采用特殊的合金打造的单晶体，之后再喷上一层特殊的陶瓷涂层，同时叶片上还开了很多的小孔。压气机吸入的空气送到叶片底部，随后通过叶片内的通道从叶片表面的一个个小孔中喷出形成不断流动的气膜，从而隔绝高温气体。由于空气的导热性差，在叶片表面形成的气膜将高温气体与叶片隔离，快速流动的低温空气也会不断冷却叶片。这样，叶片也就能承受住能融化岩石的温度了。专家预测到2020年燃气透平温度可以达到1700℃。

（二）HL级燃气轮机

基于目前成熟的H级燃气轮机技术，西门子正在研发下一代HL级重型燃气轮机，2020年将投入运行，发电效率将提升到63%以上。新一代HL级燃气轮机单机功率在40万千瓦以上，使用新的燃烧系统使燃烧温度提高了约100℃，耐热涂层也随之更新，透平叶片的气膜冷却也将更加完善，一些组件包括燃烧室和叶片都能通过3D打印生产。

燃烧效率的提高可以为天然气价格较高的国家大大节约发电成本，新型HL级重型燃机可以将发电成本再降低5%左右，实现相同发电量所需燃料更少。随着可再生能源发电在电力构成中的占比越来越大，尤其是风能和太阳能发电的间歇性导致其并网困难，现在其中一种解决办法是将风能和太阳能利用起来，生产氢气或者甲烷，供燃气电厂使用。未来，高效燃气轮机也可以使用可再生能源气体进行高效燃烧。

通过不断的研究和实践新技术，燃气电厂会朝着更高效、更清洁的方向发展。

第四节 · 水力发电：驯服狂野河流

作为人类最早广泛利用的能源之一，水能伴随着人类文明走过了几千年的历程，从远古时期的洪水泛滥、民不聊生到古人先贤兴建水利、灌溉农田，再到电力时代，水能被科学家们赋予了新的职责——水力发电。

水力发电的发展与社会的不断进步密不可分。随着经济社会的不断发展，人们对电能需求量持续增加，可再生能源比例逐步提高，电力生产逐步向清洁化和低碳化发展。因此，改变能源结构、加强新能源发电技术的运用，是发电行业的必然趋势，水力发电作为一种清洁的可再生能源得到了大力发展。

在发电领域，尽管光伏、风能和核能发电都有了一定发展，但相对而言，水力发电具有更突出的优势，包括发电条件优越、技术成熟、功率平稳、效益水平高等。加强对水力发电的认知，了解水力发电的原理，理解水力发电的梯级开发利用，认识水力发电的调峰作用，能让人们更好地理解水力发电作为中国第二大装机容量的发电形式，其自身的优点和重要的战略地位。

凡事都具有两面性，水力发电在造福社会的同时，人们也必须正视兴建水电中的生态保护问题：大坝的去留、生态的保护等。发展的同时还必须考虑周全，做出合理的统筹规划，这才是水力发电发展的正确之道。随着人们责任意识和生态意识的觉醒，水力发电正朝着更加科学、合理、有序、健康的方向稳步发展。

一 水能利用：从斗智斗勇到运筹帷幄

原始社会时，以游牧为生的人类就知道"逐水草而居"。当人类社会进入农耕社会，农林牧副渔等生产方式都依赖水源，与水的关系更为密切（见图2-18）。人类根据地域条件建立和发展自己的生产，解决衣食住行等问题。正是由于中华大地存在良好的水源条件，有黄河、长江、淮河、海河、珠江等水系，中华民族才在这块土地上繁衍形成和发展成为世界四大文明古国之一。

图2-18 清明上河图（局部）

就世界而论，其他三个文明古国的形成与发展也都依托相应的河流：古印度的恒河，古埃及的尼罗河，古巴比伦的幼发拉底河和底格里斯河。人类集居的城镇靠水而建、因水而兴，但这并不意味着河流永远安静流淌。人类为了生存，一方面离不开水，另一方面又深受洪水泛滥之害。人类为了保护自己，在和洪水斗争的实践中学会了引水疏水、筑堤修坝，现存史料中就有大禹导江治水的记载。中国拥有悠久的水利史，出于农业灌溉、航运等综合利用的目的，早在秦朝中国就修建了世界上现存最古老的三大水利工程，即都江堰（见图2-19）、灵渠和郑国渠。

图2-19 都江堰

水能的开发利用通常是通过某种装置，将水能转化为可直接使用的机械能或电能，满足人类各种需要。据中国有关史料记载，在距今2000年前，人们已经发明了水排和龙骨车；1700年前水磨、水碾开始出现（见图2-20）；在距今800多年前，水转大纺车开始出现并投入使用，这些水力机械分别被中国古代科学家撰文记载。在元代成书的《王祯农书》和明代宋应星编著的《天工开物》等著作中，分别对中国古代水能利用情况进行了确切的描述，并附有绘制的木刻图流传于世，至今这些水力机械还在一些地方的农村继续使用。

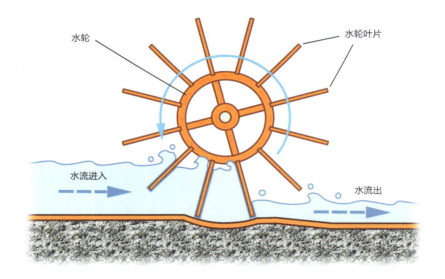

图2-20　水车工作原理图

西方利用水力纺织机械已经是18世纪后期的事情了，直到1769年英国人理查·阿克莱才制造出水车纺织机并建立了欧洲第一座水力纺纱工厂，比中国宋代水转大纺车晚了4个多世纪。

1878年，法国建成世界第一座水电站，人类对水能的利用更进一步。水电站能够利用水的势能进行发电，除源源不断地获得清洁的电能之外，还兼具防御洪水、蓄水灌溉和改善航道等功能。

目前世界上三大水电站分别是三峡水电站、伊泰普水电站和溪洛渡水电站。三峡工程是世界最大的水电站（见图2-21），许多指标都创造了世界水利工程的新纪录。三峡工程的综合利用效益是巨大的，它不仅在中国水利建设史上是前所未有的，在世界水利建设史上也是难得一见的重大工程，可以算得上是水能利用的典范。

小贴士

三峡工程之最

三峡工程是中国水利工程的代表，也是世界上最大的水电站，总装机容量可达到2250万千瓦，年平均发电量882亿千瓦时。三峡水库总库容393亿米^3，防洪库容221.5亿米^3，是世界防洪效益最为显著的水利工程。三峡大坝坝轴线全长2309.47米，水电站共有26台70万千瓦机组；三峡工程泄洪闸是世界泄洪能力最大的泄洪闸，最大泄洪能力可达到12.43万米^3/秒；三峡工程的双线五级船闸，总水头113米，是世界级数最多、总水头最高的内河船闸；三峡工程升船机最大升程113米，过船吨位3000吨，是世界规模最大、难度最高的升船机。同时，三峡工程水库动态移民多达131万人，也是世界水库移民最多、工作最为艰巨的移民建设工程。

图2-21 中国三峡水电站

二　大坝里的秘密：流水带动水轮机发电

　　水能是可再生能源，水力发电对环境影响较小。与其他发电形式相比，水力发电具有无可替代的优越性。除了可提供廉价电力外，水电站还能够有效控制洪水泛滥，并且提供灌溉用水及改善河流航运等，配套工程还可以改善所在地区的交通条件、电力供应和经济状况，并发展旅游及水产养殖等行业。比如美国的田纳西河流域综合开发工程，就极大地带动了当地整体经济的发展。

　　40年来中国水力发电累计发电量超过14万亿千瓦时，约相当于替代标准煤43亿吨，减排二氧化碳113亿吨、二氧化硫0.37亿吨、氮氧化物0.32亿吨，为解决能源需求和保卫碧水蓝天作出了重要贡献。

　　水力发电是目前水能利用的主要方式，是利用水位落差产生能量来进行发电。太阳能驱动地球上水的循环，使它持续地从海上蒸发，变成水蒸气，然后随气流流动到大气中，以雨雪冰霜的形式降落到地面，成为地表水，最终汇成江河。大坝或山脉阻断江河，将大量的水围积起来形成水库，通过引水道将水库中的水引到水轮机的扇叶，巨大的压力能够推动水轮机快速旋转，从而将水的势能转为水轮的机械能，水轮机通过大轴连接发电机共同旋转，进而将能量由机械能转换为电能，电能最终通过电线传输到千家万户（见图2-22）。

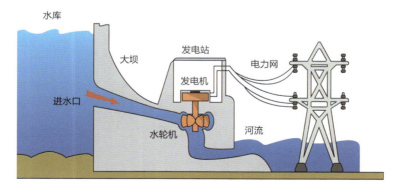

图2-22　水力发电工作原理图

（一）水轮机

水轮机是水力发电核心设备之一，肩负着将水能转变为更易利用的机械能的重任。

19世纪后半叶到20世纪初，许多致力于科学发明的人士花费大量的时间和精力来设计水轮机。在这段时期，水轮机设计的原理尚不十分清晰，还有很大的创新余地。技术发展到现在，水轮机大致可以分为两种：一种是冲击式水轮机，一般用于有较高水头（任意断面处单位质量水的能量）的水电站。这些水轮机看起来像钢制的水车，主要利用水车上的水斗来承接高速水流，将水流的动能传给转轮。一种特殊设计的喷嘴将高水压下喷射出来的水导向水轮机的水斗，水斗的弯曲表面将水流的方向倒转过来，当水从水斗的侧边流出时，水斗就被推动，水轮机便旋转起来（见图2-23）。这种水轮机是由美国工程师及发明家莱斯特·艾伦·佩尔顿发明的，因此也称为佩尔顿水轮机。另一种是反击式水轮机，以势能形态为主、动能形态为辅，将水能传给转轮可适用的水头范围较广，混流式水轮机属于反击式水轮机的一种（见图2-24）。各式各样的反击式水轮机都需要放置在装满水的水轮机室内，当水流过水轮机室时，推动水轮机旋转。

通常水电站总装机容量确定后须合理选择水轮机的单机容量和台数。在保证电力系统运行安全灵活的前提下一般采用容量较大、台数较少的方案以提

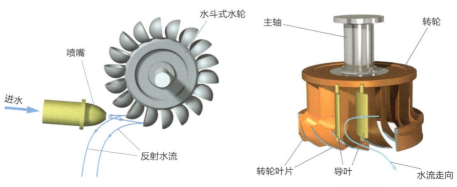

图2-23 冲击式水轮机原理图　　　图2-24 混流式水轮机工作原理图

高机组效率，简化水电站枢纽布置，加快施工进度和节约水电站总投资。但是为了保障运行安全和稳定供电，水电站的装机台数一般不少于两台（见图2-25）。

图2-25　大渡河水电站地下厂房内景

水轮发电机是水轮发电机组的核心设备之一，水轮机旋转时通过大轴带动发电机旋转发电。

（二）水坝

在人们的意识里，水电站通常有一个高高的大坝，这是为什么呢？

有关大坝的早期记载十分有限，但可以知道的是自从有历史记载甚至更早的时期以来，就已经有水坝了。古时候，大坝不仅能够用来蓄水，还有助于提高水车的效率。而且大坝技术看起来似乎至少和水车技术一样古老。例如，古埃及人就曾修筑过大坝，埃及文献记载了公元前2900年在尼罗河上建造的一座大坝，这座大坝现在已经不复存在；公元前1300年在叙利亚境内的奥伦提斯河上建造的大坝至今仍然在使用。杭州良渚古城外围发现的水利系统，是迄今所知世界最早的水坝，距今已经有4700～5100年，比传说中的"大禹治水"还要早1000年。早期大坝修建的目的是储存水，以备将来饮用和灌溉。现代大坝的作用更加清晰明确，除用来发电以外还兼具蓄水防洪、改善航道的作用。

水坝的建设有其内在的科学道理，水力发电在本质上是将水的势能变成旋转机械能，又变成电能的转换过程。水力发电有自身的规律：如果水头足够高的话，那么用少量的水就可以得到很多的电能；反过来如果水头较低的

轻松一刻

视频
3D 动画带你了解
水力发电原理

话，如果流过水轮机的水量足够大，那么依然可以得到同样多的电能。

河流自然落差一般沿河流逐渐形成，在较短的距离内自然落差较低，并且水量有限，为获得足够的势能，需要通过适当的工程措施来人工提高落差，也就是将分散的自然落差集中，形成可用的水头。一般在落差较大的河段修建水坝、建立水库、提高水位，从而提高落差（见图2-26）。

截至目前，中国是拥有水坝数量最多的国家，共建成各类水坝约9.8万座，数量之多、规模之大，名列世界第一，200米级、300米级高坝等技术指标刷新行业纪录。全世界已建、在建200米及以上的高坝96座，中国占34座；250米以上高坝20座，中国占7座。

图2-26　丹江口大坝

三 梯级开发：水能资源高效利用

在人们的认识里，水电站常常修建于群山之中。除了能够凭借地势修筑大坝之外，还与中国独特的水能资源分布密切相关。

从遥远的太空俯瞰地球，人类的家园是一颗蓝色的星球。在这个星球上，十分之七的表面被水覆盖。水不仅是人类生存的第一物质需要，人类的社会生产、生活以及物质文化等也同样离不开水。从家庭用水到工业用水，水一直是维持人类生存的重要资源，无时无刻不出现在人们的周围，参与人们的生产各个方面，滋润了人们多姿多彩的生活。

中国水资源南方多、北方少，因此勤劳智慧的先人修建了举世闻名的京杭大运河，在世界水利史上画下重重一笔。从北京至杭州的运河，全长1790千米以上，春秋时开始开凿，元代南北相连、贯通取直。京杭大运河经北京、河北、天津、山东、江苏、浙江六省市，把海河、黄河、淮河、长江和钱塘江五大水系联系成一个统一的水运网，是古代南北交通的主动脉。京杭大运河后经历朝历代修缮沿用至今，在中国历史上扮演了重要角色。2002年，京杭大运河被纳入"南水北调"东线工程（见图2-27）。

水不仅可以直接被人类利用，它还是能量的载体。水能，通常是指河川径流相对于某一基准面具有的势能，落差大、流量大的河流蕴藏的水能资源丰

图2-27 南水北调工程

富。地表水的流动是水循环中重要的一环，从高山到平原，溪流汇成江河，最终流入大海。随着化石能源的日益减少以及带来的环境代价，水能越来越彰显其能替代化石能源的优势，前景十分广阔。

广义的水能资源包括的范围很广，奔流的滔滔江水、大海的潮起潮落和惊涛拍岸，这些都能找到水能的踪迹。狭义的水能资源主要指湍流不息的江河。中国位于亚洲大陆的东部、太平洋西岸，陆地面积960万千米^2，居世界第三位。中国大陆地势高差巨大，地形复杂，从高原和山地发源出众多的大小江河，这些山脉和河流，构成了中国广袤国土的基本形态。独特的水资源分布造就和形成了中国鲜明的水能资源分布特点。

（1）中国拥有世界第一的水能资源储蓄量，但尚未充分开发利用。

（2）中国水能资源主要集中在西南地区，而经济发达、能源需求大的东部地区水能资源极少。

（3）中国大多数河流年内、年际流分布不均，汛期和枯水期差距大。

（4）中国蕴藏在大江大河的水资源，便于集中开发和对外运送。

宝贵的水资源

小贴士

地球上水的总储藏量约有13.9亿千米^3，其中约97%属于海洋咸水，不能直接被利用。其余的淡水量仅为0.36亿千米^3，不足地球总水量的3%，其中有73%的淡水在极地和高山上以冰川形式存在，很难被直接利用；22%为地下水和土壤水，三分之二的地下水深埋在地下；江河、湖泊等地面水的总量大约有23万千米^3，仅占淡水总量的0.3%。由此可见，可供人类利用的淡水资源十分有限，人们应该节约用水。

（一）梯级电站

由于自然、社会条件和技术上的原因，人类需要对河流进行分段开发，力求做到"一水多用，一库多利""一库建成，多站受益"。梯级开发是一种呈阶梯状的分布形式，就是从河流的上游起，自上而下地拟定一个河流段接一个河流段的水利枢纽。梯级水电站是通过梯级开发方式所建成的一连串的水电站，它能够实现对水能资源的高效利用，对于水能资源的开发利用具有重要意义。

1933年，美国对于田纳西河流域的开发方案中提出并实施的"目标梯级开发"的主张之后，哥伦比亚河、科罗拉多河、康伯兰河等也相继按照田纳西河的开发方式进行了多目标梯级开发的方式。目前，世界上梯级开发建设最完善的为哥伦比亚河梯级水电站，它是世界上梯级数最多水电站，共建42座梯级、总装机容量3335万千瓦。

相比较来看，中国水力发电虽然起步较晚，但对于梯级开发却并不比国外落后多少。但由于经济体制、政策及技术条件的限制，新中国建立后的前30年，水电事业发展规模不是很大，尚无一条大型河流完全实现梯级开发，大多在中小型河流开发建立梯级电站。改革开放以来，水力发电开发日益引起重视，梯级电站建设出现新的势头。例如，大渡河干流经过近50年的开发建设，已建成14座大中型梯级电站，投产装机容量达到1742万千瓦。雅砻江、黄河上游、红水河等河流（河段）也都在梯级开发建设之中。

2002年，国家正式授权当时的中国长江三峡工程开发总公司先期开发金沙江下游河段的乌东德、白鹤滩、溪洛渡、向家坝4座梯级水电站。溪洛渡水电站于2013年投产发电，向家坝水电站于2012年投产发电，乌东德、白鹤滩水电站正在紧密施工。溪洛渡水电站总装机容量为1386万千瓦，是中国第二、世界第三大水电站。白鹤滩水电站是全球在建装机规模最大水电站（见图2-28），拟装机容量1600万千瓦，电站建成后，将成为仅次于三峡水电站的中国第二大、世界第二大水电站。各水电巨头进军中国西南地区进行"梯级开发"，规划中总装机容量相当于"8个三峡"。

梯级水电站是目前对河流水能资源利用最高效的方式，在上下梯级之间有着明显的相互影响关系。由于整个梯级都受到上游来水的影响，下游梯级会受到上游水库调节能力和运行工况的制约，在满足系统所给定的负荷曲线前提下，实现各个梯级水电站的经济合理运行就需要各个电站的合理运行调度，实行整个梯级的统一调度，来实现水力资源的合理利用及水能利用率的提高。

图2-28 建设中的白鹤滩水电站

（二）小水电

小水电的装机容量在不同时期有不同的定义。目前，小水电是指单站装机容量在5万千瓦以下的水电站（见图2-29）。中国的水力发电是从小水电开始的，20世纪初，中国大陆建成的首座水电站——云南省昆明市郊螳螂川上的石龙坝水电站。石龙坝水电站于1908年7月动工，1912年4月发电，安装2台240千瓦的水轮发电机组（见图2-30）。新中国成立以来，中国小水电建设日新月异、成效显著。目前，中国大陆已建成小水电站46515座，装机容量8043万千瓦，年发电量2346亿千瓦时，约占中国全部水电装机容量和年发电量的30%。

小水电是国际公认的清洁可再生能源，建设移民和耕地淹没少，没有大量水体集中，不会造成局部地区生物圈的改变。在这些地区开发小水电，实施小水电代燃料工程，是保护和改善生态环境的重要途径，有利于人口、资源、环境的协调发展。小水电站规模小、结构相对简单、技术比较成熟、建设周期短、工程投资少，大部分不需要远距离输电，其供电主体是农村和山区用电，发、供电成本相对较低，能够解决当地的电力供应问题，有利于加强农村基础

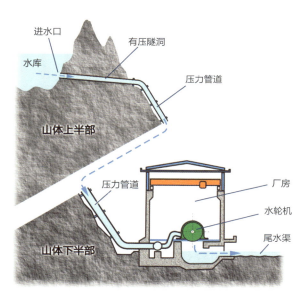

图2-29 引水式小水电站工作原理图

图2-30 石龙坝水电站

设施，改善地方的生活条件，推动地方经济和生产力的发展。

新中国成立以来，在国家支持和政策引导下，广大山区群众通过开发小水电，建设配套电网，使小水电在中国农村经济社会发展中谱写了一曲浓墨重彩的壮丽篇章。截至2018年，县级城市中全部通电，墨脱县是中国最后一个通电的县城。第三次全国农业普查对全国的乡县进行了调查，调查结果显示农村基础设施明显改善，全国通电的村占全部村的比重是99.7%，比十年前提高1个百分点。

小水电在提供清洁电力能源、防洪减灾、增加地方财政收入、改善农村生态环境等方面发挥着重要作用。然而，早期开发的部分小水电由于时代需求和设计理念等因素，在改善流域大生态的同时，也影响了局部河段和一些支流的小生态。近年来，中国在推动农村水电绿色发展过程中，把水生态、水环境作为刚性约束，努力消除小水电对生态环境的不利影响，并通过提供更多优质水生态产品不断满足人民群众日益增长的美好生活需要和优美生态环境需要。

（四）电网调峰：抽水蓄能电站

河北丰宁抽水蓄能电站是目前世界上在建的最大的抽水蓄能电站，总装机规模360万千瓦。项目建成后，将有力支撑"外电入冀"战略实施，破解"三北"地区弃风、弃光困局，更好地消纳跨区清洁能源。同时，丰宁抽水蓄能电站也是2022年北京冬奥会绿色能源配套服务的重点项目，将为各类奥运赛事提供电力保障，发挥巨大的经济、社会和环境效益。

抽水蓄能电站是利用电力负荷低谷时的电能抽水至上水库，在电力负荷高峰期再放水至下水库发电的水电站。为了修建一套抽水蓄能设施，需要依托小型山脉，在山顶和山脚各修建一座水库。两座水库之间用输水管连通，从而上面水库的水可以通过输水管全部流入下面的水库（见图2-31）。在每个输水管

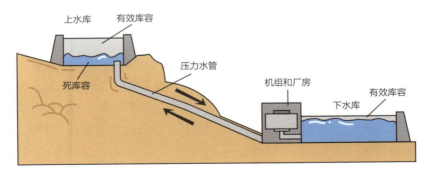

图2-31 抽水蓄能电站工作原理图

底部附近安装一个水轮机来利用落水的能量，就像一座普通的水电站一样。不同的是这些水轮机可以反向运转，而当水轮机反向运转的时候就起到水泵的作用。当水从上水库落下的时候，水能转变为电能；当水从下水库抽到上水库的时候，消耗的电能又转化为水的势能。由于能量在运行中的耗散，转换效率一般在75%~76%左右。因此，人们可能会问，修建这种耗能电站的意义是什么？但事实证明抽水蓄能电站的存在是有价值的。

电力是不能大量储存备用的，需要根据生产生活需求来对发电量进行调整，因此发电站需要对用电进行实时的预测，以获取最大的经济效益和能源利用率。日常家庭的用电量会随着季节变化有较大的不同，夏天需要空调制冷，冬天需要电暖取暖，而春季和秋季用电量会少一些。每个家庭或企业单位的用电负荷也是实时变化的，白天的用电量大，晚上的用电量小。实时变化的用电负荷给发电站出了不小难题，为了保证供电的稳定可靠，电站只能多发电，而且只有在长时间稳定输出的情况下燃煤电站或核电站的工作效率最高，因此大量的能源就被白白浪费掉了。

抽水蓄能电站能够很好地解决这个问题，将用电负荷低谷时段多余的大量电能挪移到用电高峰时段。具体是这样的：在用电低谷时段，抽水蓄能电站水轮机充当水泵，利用多余的电能，将下水库的水抽到上水库，这样电能就以水的势能形式储存起来。当到了用电高峰时段，储存起来的水的势能就被释放出来，重新变回电能。因此，蓄水在某种意义上就等价于储电。此外，抽水蓄能电站还适用于调频、调相和稳定电力系统，并适宜作为事故备用电源。

基荷与调峰

小贴士

工业生产与人们日常生活的用电负荷是实时变化的，低于最小用电负荷的部分称为基础负荷，简称基荷。在用电高峰时，电网往往超负荷，此时需要投入在正常运行以外的发电机组以满足需求，称为调峰。

　　中国抽水蓄能事业起步较晚，这和国家当时的经济发展状况相关。改革开放以来国民经济迅速发展，中国电力事业突飞猛进，带动了抽水蓄能电站的建设。目前，中国已建成的抽水蓄能工程，基本上都是利用了优越的地形、地质等方面的自然条件，大都为高水头引水式地下厂房结构形式，拦截高山沟谷建造上库，选用可逆式水轮机与同步电机组成的机组方式（见图2-32）。近年来，中国陆续建成一批大、中型的抽水蓄能电站，然而随着新能源发电大规模并网，中国抽水蓄能电站的建设依然有较大的发展空间。

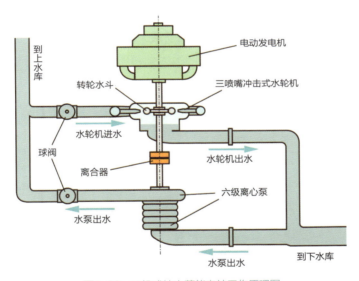

图2-32　三机式抽水蓄能电站工作原理图

五　船舶通航

　　水能是一种可再生的清洁能源。为了提高水能利用率，需要人为地修筑水工建筑物（比如大坝、引水管涵等）来集中水流落差和调节流量，这相当于把原本通畅的江河生生截断。任何一项水利工程都要考虑到对航运的影响，过往船舶如何能够快速顺畅通过是一个不可回避的问题。解决这个问题的答案是通过船闸和升船机，这个过程可以形象地比喻为"大船爬楼梯，小船坐电梯"（见

图2-33）。例如，三峡大坝蓄水后，上下游落差近100米，为满足船舶通航需求，三峡工程建设了五级船闸和升船机。

三峡船闸全线总长约5000米，共分为五级：船厢室段塔柱建筑高度146米，最大提升高度为113米，最大提升重量超过1.55万吨，相当于承载1万多辆中型家用轿车的重量翻过40层的高楼。

船从坝下往坝上走时，先进入闸室，入口处的闸门关闭后，船闸自动充水，将停泊在闸室里的船舶往上抬升，待该闸室的水和下一级闸室平行时，打开闸门，船进入上一级闸室。如此反复，船像爬楼梯一样不断攀升，直至到达坝上水面，完成过闸过程。

三峡升船机是另外一种过坝方式，相当于船坐电梯，解决了双向船闸待闸时间长的问题。三峡升船机是世界上规模最大、技术难度最高的升船机工程，承载船型的设计定位主要适应3000吨级大型客轮、旅游船和部分运送鲜活快速物资的货船，使这类船舶过坝的时间缩短了大约40分钟。

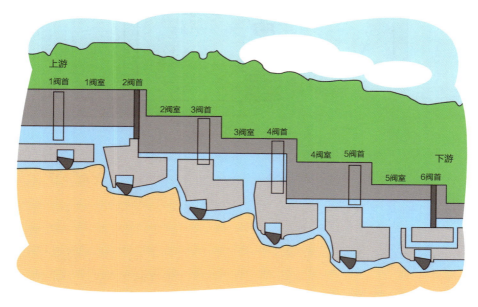

图2-33 船舶通航示意图

六 统筹兼顾：水能开发与生态保护

资源开发与生态保护是一对永恒的矛盾共同体。生态问题主要是由人类的经济活动引起的，是经济发展的伴生物，经济活动是矛盾的主要方面，只要有人类存在，就产生经济活动，就有生态问题出现。随着中国水电能源开发建设步伐的加快，伴之而来的是有关水力发电工程与生态环境保护之间的许多是非曲直或利弊得失的剧烈争论。表面上这是一个永不停歇的争论，实质上可以认为是对发展和保护两者之间"度"的认知——只有不断发展才能保护好环境，只有保护生态才能够可持续发展。

（一）水能开发利用

水力发电是目前能够大规模开发利用的可再生清洁能源，世界各国都把水力发电资源置于优先发展的位置。世界上大多数国家都是先开发和利用水力发电资源，达到一定程度后再转向其他发电能源的大规模开发利用。目前全球近1/5的电力来自水力发电，有24个国家90%以上的电力需求由水力发电提供，有55个国家水电比例达到50%以上。发达国家水能资源开发较早，水力发电开发程度总体较高，如瑞士达到92%，法国为88%，德国为74%，日本为73%，美国为67%。中国水能资源十分丰富，是世界上水力发电量最大的国家，而且水力发电消费量占全球水电消费量的近三成，但是按发电量计算，目前中国水力发电的开发程度仅为41%，与发达国家相比仍有较大差距，所以中国在水能开发领域拥有巨大的发展潜力。

水能资源的开发利用可以减轻煤炭、石油等化石能源的消耗所给环境造成的污染，也能够从根本上保护生态环境。综合江河治理和防洪、开发水能资源及修建控制性水利工程所带来的效益，可以得出水能开发对于中国经济社会的可持续发展具有重要的作用。水能开发不仅大大地缓解了中下游的洪涝灾害，还带来灌溉、航运、跨流域调水、供水、水土资源开发等多种优势。除此之外，水库大面积蓄水还能改善局部气候，利于水土保持。

（二）生态环境保护

近些年，水能开发利用在高速发展的同时，也对生态环境造成了一些负面的影响。水电站对环境的影响是非污染生态方面的影响，比如电站建设需要一定的淹没，淹没区会对动植物的活动范围、栖息环境产生不利的影响；下游侧的河床裸露也可能会对水生物的生活及洄游产生影响；工程施工还会有取土及弃土问题，对地表生物造成影响，被取弃土场的植被恢复可能需要很长的时间；同时水库面积较天然河流大了很多，会造成小区域的气候变化，水库建成后还容易诱发地震、山体滑坡等地质灾害。针对水能开发利用对环境的不利影响，应在水力发电建设和运行中协调好水能开发与自然保护的关系，尽量降低其对生态环境的影响，做好水力发电环境影响评价是基础；搞好环保设施的"三同时"（同时设计、同时施工、同时投产使用），并抓好建设期环境监理与环境管理是重点；建设期环保措施的落实和运行期的环境监测与管理是核心。对不利影响采用工程措施与生物措施相结合，水库运用调度与环境用水相结合，移民规划与环境保护要求相结合可以把不利影响减至最低限度。

当一座水坝建成，甚至还在规划的时候，就不得不面临一个严峻的问题——大坝拆除。拆除的原因多种多样：要么这些水坝因河流改道、技术陈旧，提供的电力微不足道；要么存在安全隐患；要么维修费用高昂、电站入不敷出；要么社区或激进的公益人士决定让河流恢复自然状态、栖满游鱼。然而拆除水坝，一些始料未及的负面影响便随之而来。原来被阻挡在水坝后面的沉积物的释放可能阻塞河道、污染下游河段，使鱼类的重要食物——昆虫和藻类遭受灭顶之灾；没有被冲刷到下游的沉积物也隐患重重，沉积物一旦变干，就可能成为潜在有害外来物种生长的沃土，因为这些植物的种子就深藏其中；此外由于水坝具有蓄水抗洪的作用，水坝的拆除还会威胁到附近和下游居民的生产生活安全。

经过多年的摸索，中国已经形成了一整套针对水力发电工程的相对完善的环境评价体系，这在国际上也是走在前列的。目前，中国每一个水电站在建设之前都要经过非常严格的审批程序。同时在水电项目建设之前，对于做好开发规划、设计运行等环节的环境评估至关重要，更要切实采取对应解决措施将水电对生态环境的影响降低到可容忍的范围（见图2-34）。建设生态文明，是关系人民福祉、关乎民族未来的长远大计，随着人类对自然规律认识的深入和科技的发展，人类最终能够在生态效益、经济效益和社会效益之间寻找到平衡点，从根本上使得人与自然和谐共存。

图2-34 大坝人文和谐相处

趣味实验

自制水力发电机

阅读完本节内容,你对水力发电了解了吗?隐藏在大坝内部的秘密是不是已经被你发现了。那你能亲手建造一座属于自己的"水力发电站"吗?

实现这一想法其实很简单。只需要一些日常生活中随处可见的小物品,例如塑料瓶、药匙(塑料勺)、胶水、小电机等,我们就能轻松地完成简易水力发电装置的制作。

视频
自制水力发电机

第五节 · 风力发电：借力空中舞者

随着传统化石燃料的日渐消耗，以及人们对于环保理念的愈加重视，风能作为一种清洁的可再生能源，获得了广泛的关注。风作为一种空气流动引起的自然现象，影响着人类的日常生活，各国科学家和工程师敏锐地从中察觉到了风所蕴含的发电潜能，开始大力开发和研究风力发电技术。

风力发电的发展符合中国可持续发展战略的要求。在风能资源相对丰富的地区因地制宜加以利用有助于改善中国能源结构，转变经济发展方式。风力发电的建设还能带动整片地区经济的发展，也是一种民生工程。近年来，海上风电也成为风力发电领域的新方向，中国海上风能资源丰富，发展海上风电条件得天独厚，大力发展海上风电技术也是推动风力发电技术进步和产业升级的重要举措。

风力发电技术虽然有着种种优势，但是其波动性会对电网调峰带来不利影响，不过随着风力发电技术和电网运行机制的进步，这种影响也在逐渐减弱。

风能是一种潜力巨大的能源，科学家从未停止对其的创新尝试，各种新型风力发电技术层出不穷。随着世界各国对于清洁可再生能源的不断投入和研究，相信风力发电会有更好的前景。

一　风能利用：从"郑和下西洋"说起

风，来无影去无踪，时而温和，时而凶猛。风的形成是地球表面各地区受热不均引起的。受热多的地区空气会上升，这时受热少的地区的冷空气便会不辞辛劳地补过来，而新补过来的空气受热又会上升，这样便形成周而复始的循环，空气在冷热地区之间的流动被人们所感知，人们将这种流动称之为风。

在漫长的人类历史长河中，对风能的利用古而有之，最早的文字记载甚至可以追溯到几千年前。古埃及人的帆船便借助风的力量，开始在尼罗河上航行。到了中国明朝的永乐年间，造船技艺进一步发展完善，伟大的航海家郑和一度率领庞大的船队完成了七下西洋的壮举，而这背后，风发挥了不可磨灭的作用。

早期风能的利用形式便是风车。公元1229年，荷兰人发明了第一座用于提供直接动力的风车。最初，风车仅被用来碾压谷物、磨面粉等，后来随着技术的不断发展，又出现了靠风车提供动力的锯木厂、造纸厂等，这大大促进了荷兰的经济增长，使其在世界商业版图中占据重要地位。至今，欧洲一些国家仍然保留着很多的古老风车，成为那段历史的见证。

到了19世纪，随着法拉第发现电磁感应现象，全球电力行业开始蓬勃发展，风与电也在这一时期实现了交汇（见图2-35）。1887年，美国人Charles F. Brush研制出世界上第一台风力发电机，功率为12千瓦，主要用来给家中地窖里的蓄电池充电。该机组共安装了144个由雪松木制成的叶片，整体直径达17米，前后运行了近20年时间。

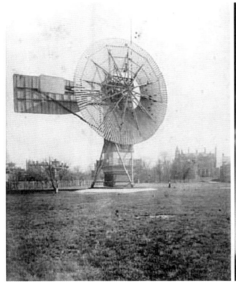

图2-35 早期风电机组

1926年，德国科学家阿尔伯特·贝兹对风轮空气动力学进行了深入研究，指出风能的最大利用率为59.3%，也就是著名的贝兹理论。

十几年后，美国工程师Putnam与S. Morgan Smith公司合作，制造出一台功率为1250千瓦的大型风力发电机，并成功连入电网。该机组塔架高32.6

米，风轮直径53.3米，共有2个叶片，每个叶片质量都高达8吨。由于当时叶片材料强度的限制，风机在运行了4年后便发生了叶片折断。这一事故后来也促进了学者们在叶片结构和材料方面的研究。

在这半个多世纪的研究中，虽然人们积累了大量的数据和经验，由于当时化石燃料提供了廉价的电力，风力发电技术并没有引起太大的轰动。然而，化石燃料并不是取之不尽的，随着人类能源需求的增加，石油危机终于在20世纪70年代不可避免地爆发了，加之全球环境污染和气候变化的影响逐渐扩大，风力发电作为一种清洁可再生能源再次渐渐引起了许多国家的重视。世界许多国家在调整传统电力结构的同时，积极开展风力发电技术的研究，尤其在欧洲等地，风力发电最先开始了规模化的商业并网运行。

新疆的大风

小贴士

中国新疆地区风力资源丰富，国内第一个大型风电场——达坂城风电场就位于此。从乌鲁木齐出发沿着连云港—霍尔果斯高速公路一路向东，在道路两旁成百上千台风力发电机擎天而立、迎风而旋，与苍天白云相衬，与绿野牧群相映，构成一幅蔚为壮观的风车世界。

有时风也会带来巨大的破坏。2006年4月9日，由乌鲁木齐发往北京的T70次列车在经过"百里风区"时遭遇强沙尘暴的侵袭，强劲的大风席卷着沙尘将多节车厢的双层玻璃全部打破，人们不得不用床板、棉被堵住车窗。2007年2月28日凌晨，5807次列车在"三十里风区"行驶时遇到超强大风，车厢脱轨侧翻。

这样灾害性大风的形成，主要还是由于特殊的地形。新疆最南面是昆仑山，中间是天山，北面是阿尔泰山，而三者之间又是塔里木盆地和准格尔盆地。这样的地势相当于多处天然的"风口"，造就了新疆部分地区风多和风急的特点。

二 风吹电来：寻找风力发电机里的秘密

人们常见的风力发电机一般是水平轴风力发电机，即叶片的旋转平面与风向垂直、旋转轴与地面平行的风力发电机，这也是目前国内外应用最广泛、技术最成熟的一种风力发电机类型。

除了水平轴风力发电机外，还有另一种风力发电机，人们称之为垂直轴风力发电机。顾名思义，垂直轴风力发电机的叶片旋转轴与地面垂直，叶片旋转方向始终与来风保持一致，这就省去了需要实时调整叶片朝向的问题，使结构得到简化。不过由于支撑方式的不同，垂直轴风力发电机的转子高度一般较低，这就意味着能够利用的风的速度也就较低，导致效率较低。

图2-36以水平轴风力发电机为例，展现风力发电原理。相信小时候大家一定都玩过风车玩具，只要迈开步伐奔跑起来，风车也就会跟着转动。其实如果这时在风车后头接上一个袖珍发电机，就能够发出电来。风力发电的基本原理便是如此。

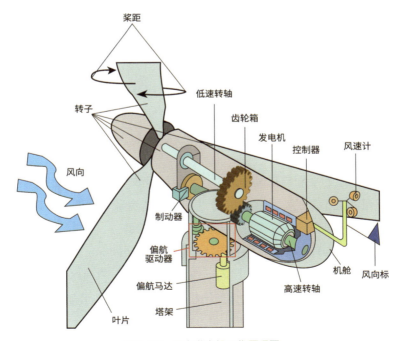

图2-36 风力发电机工作原理图

简单说来，风力发电机主要由风轮和发电机两部分组成。流动的空气在风轮上产生作用力推动风轮旋转，然后风轮旋转产生的动能又通过齿轮和主轴传递，带动发电机中的线圈切割磁感线，从而产生电能。

此外，风力发电系统还包含了其他一系列的辅助部件。辅助部件与风轮和发电机共同运转，实现机组的正常运行。

（一）塔筒

塔筒是风力发电机的主要承载部分，起到提高机舱和风轮水平高度，并维持机组结构稳定的作用。如果塔筒发生倾塌，不仅会造成机组的直接报废，而且还有可能对周围的生物带来影响。

塔筒的质量通常会占到风力发电机组整体质量的一半，其制造成本则占总制造成本的四分之一左右。近年来，随着机组容量的不断增加，塔筒的高度也随之提高，大型风机机组的塔筒高度甚至已经超过100米。

（二）齿轮箱

齿轮箱是风力发电机组的一个重要部件，其功能是将风轮在风力推动下产生的机械能传递给发电机，并调节转速。一般来说，发电机转速通常为1500转/分钟，风轮转速约为25转/分钟。因为风轮的转速太低，远达不到发电机发电所要求的转速，所以必须要通过不同大小、齿数的齿轮来改变转速。此外，齿轮箱还能用于保证电压和频率的稳定输出，增强机组的制动能力。

（三）偏航系统

当风轮掠过的平面与来风垂直时，风能利用效率最高。但是通常情况下，风向并不是固定不变的。为了更充分地利用风能资源，需要实时调整机舱朝向，使之对准来风方向，这就需要偏航系统提供帮助。

偏航系统结构并不复杂，主要包括感应风向的风向标、偏航电机、偏航齿轮等部分。当风向发生变化时，风向标作为感应元件，将信息传输到控制系统中，控制系统根据得到的信息给偏航电机发送指令，然后偏航电机开始运转，通过齿轮传递动力，调节机舱朝向。

（四）液压系统和刹车机构

当环境风速过快时，风力发电机组面临着超速的危险，此时液压系统和刹车机构就要发挥作用，以保证机组的安全运行。

小贴士

风力发电机的超速保护

风力发电机按风轮的叶片间距可以分成固定桨距和变桨距两种类型。不同种类的叶片有着不同的超速保护方式。

固定桨距的风力发电机设有失速叶片，当风速超过额定值时，叶片则进入失速状态，风轮转速将不随风速的增大而上升，从而达到限制风力发电机功率的目的；对于变桨距叶片来说，当风力发电机达到额定输出功率后，叶片就进入调整状态，通过改变叶片间距来控制从来风中吸收的能量，即使风速超过设计值，输出功率也被限定在额定值。

三 发展之路：风力发电的"今生来世"

在传统化石能源逐日减少、环境污染问题颇受关注的今天，风力发电以其可再生、清洁的特点成为近些年电力行业的新秀。目前，风力发电是除水力发电以外，经济性最高的主流可再生能源。

与其他发电形式相比，风力发电的主要特点是资源蕴藏量巨大、分布广泛。据世界气象组织估计，全球的可利用风能资源约为200亿千瓦，为地球上可利用的水能资源的10倍。

另外，风能是太阳能的一种转化形式，属于可再生能源。只要太阳能够正常照射到地球，风能就会源源不断的产生，取之不尽、用之不竭。在风力发电的过程中，不仅不会产生二氧化硫、氮氧化物和二氧化碳等气体，而且也不会造成粉尘和颗粒物污染，对环境和生态十分友好。因此，相较于其他新兴能源，风力发电具有很大的发展潜力。

（一）中国风能资源分布

中国幅员辽阔，地形多样复杂，风能资源丰富。据统计，中国约20%的国土面积上具有比较优质的风能资源，而可开发利用的风能储量约有10亿千瓦。就区域分布来看，中国的风能主要分布在以下几个地区：

（1）西北、华北、东北地区，或简称三北地区。该片区域内风能资源丰富，占全国陆地风能资源总量的近80%，全年风速大于3米/秒的时间超过5000小时，具有建设大型风电基地的资源条件。这一"风能丰富带"形成的主要原因是三北地区地处中高纬度，尤其是内蒙古和甘肃北部地区的高空终年受到西风带的影响。

（2）东南沿海及其附近岛屿地区。中国东南部漫长的海岸线，造就了资源丰富的沿海风能带。与陆地相比，海洋上空温度变化慢，因而冬季时节海洋地区温度较高，夏季时节大陆地区温度较高。在这样的温差影响下，冬季的冷空气到达海面上空时风速便会增大，再加上海洋表面平滑、摩擦阻力小，风速一般会比陆地高2~4米/秒。

（3）青藏高原北部地区。该区域风能资源也较为丰富，全年风速大于3米/秒的时间可达6500小时。但是青藏高原海拔高，空气稀薄，所以在相同的风电机组情况下，实际风能利用效率会降低。

（二）中国风电发展趋势

中国的风力发电技术起源于20世纪70年代。当时在国外现有的技术基础上，改进了多种小型风电机组，主要用于解决偏远农村、牧区、边防哨所、海岛等电网难以覆盖地区的用电问题。

目前，中国的风力发电行业已经进入了高速发展时期，形式也从小机组、离散型向大容量、集中式的风电场发展。1500千瓦和2000千瓦风电机组已是主力机型，3000千瓦风电机组已投入运行，5000千瓦风电机组样机也已下线。同时，依托丰富的海上风力资源，中国风电机组也从陆地逐渐走向了海洋（见图2-37）。

图2-37 海上吊装风力发电机

截至2018年末，中国风力发电装机规模达到1.8亿千瓦，位居世界第一。《中国能源展望2030》报告指出，到2020年，风力发电装机规模力争达到2.5亿千瓦，占到总装机规模的12.5%；2030年风力发电累计规模将达到4.5亿千瓦，上网电量约9000亿千瓦时。可以预见，在不久的将来风力发电在中国电力供应中所占的比重将进一步扩大。

"新兴"的海上风电

小贴士

除了陆路地区，海上风能资源同样丰富。据统计，中国沿海地区约具有7亿千瓦的海上风电开发潜力。

与陆上风电相比，海上风电的最大问题是成本较高。海上风电不仅需要将塔架基础部分伸入深层的海床中，用以抵抗波浪、海流产生的水平力和倾覆力，还需要增加变电站和架设海底传输电缆。目前陆上风电每千瓦成本约为0.8万元，而海上风电则达到了每千瓦1.8万元左右。

截至2018年底，中国海上风电累计装机容量已达到358万千瓦，仅次于英国和德国，位居全球第三位。

四 热点问题：应对风能波动与实现生态友好

风力发电技术发展至今，研究人员除了在不断提升机组发电效率，扩大风能利用区域之外，也在积极推进现有问题的解决，例如如何保证无风时风力发电机组的正常运行以及如何在利用风能的同时做到与自然和谐共处。

（一）应对风能波动

风能并不是连续稳定的，我们会发现即使在同一地点，有时狂风大作，有时却又平静无风。因此为了应对这一情况，现在有的风电场会配备相应的储能装置。当风能丰富时，多余的电能会被转换为其他形式的能量储存起来；当风力较弱或者无风时，则将之前储存起来的能量释放，向用户输送电能。

1. 蓄电池储能

蓄电池储能是目前使用较为广泛的储能方式，常见的有铅酸电池、镍镉电池、锂电池、全钒液流电池等。根据不同机组的实际需要，将不同数量的蓄电池串联在一起，即可得到容量更大的蓄电池组（见图2-38）。

不过蓄电池存在着使用寿命的问题。在多次充放电之后，电池的蓄电能力就会下降，一般认为当其容量降低到额定值的80%以下时，便不再满足使用要求。

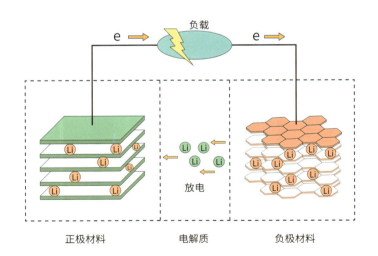

注：充电时锂离子和电子反向转移

图2-38　蓄电池储能工作原理图

2.飞轮储能

飞轮储能通常用来改善由于风力起伏而引起的电能输出波动。当风力强时，将风能以动能的形式储存在飞轮中；当风力变弱时，储存在飞轮中的动能被释放出来，用来驱动发电机发电（见图2-39）。

飞轮一般采用钢结构，此外还要根据系统的储能需要来制造不同尺寸的飞轮。

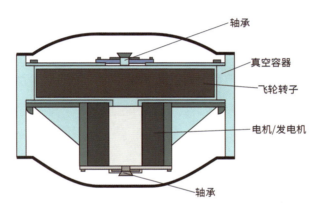

图2-39 飞轮储能结构图

3.抽水蓄能

在水资源丰富的地区，可以将风力发电和抽水蓄能进行搭配。当风力强而用电负荷比较低的时候，风力发电机产生的电能用以驱动抽水机，将低处的水抽到高处的蓄水池或者水库中，完成电能到势能的转换；当无风或者风力较弱时，则将高处的水进行释放，利用水流的动能驱动水轮机发电，从而保证供电稳定。

抽水蓄能工程量较大，一般适用于配套大、中型风力发电工程。

4.压缩空气储能

压缩空气储能与抽水蓄能类似，也需要特定的地形条件，如地下岩洞或废弃矿坑。当电量多余时，驱动空气压缩机将空气储藏在地坑中；当出现电力缺口时，将储存的压缩空气释放出来，产生高速气流推动涡轮机转动，进而带动发电机发电（见图2-40）。

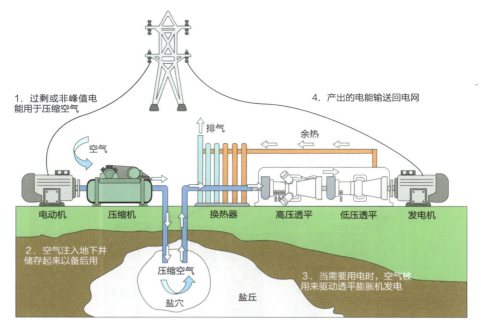

图2-40 压缩空气储能工作原理图

5. 氢能储能

氢气是一种清洁的能源，其燃烧产物是水，不会对环境造成污染。氢能储能就是采用电解水的方式，将不稳定且不可储存的风能转变成为氢能，等到有使用需求的时候再进行能量释放。

目前氢能储能的主要难点就是氢气的储存问题。氢气密度很小，如果进行低压储存，那么即使少量的氢气也会占用很大的体积。如果采用加压或者液化的方式，虽然可以减少储容器的体积，却需要消耗更多的能量。所以这两种方法无论哪一种，都需要高昂的投入。

（二）实现生态友好

除了解决发电稳定性的技术问题，风力发电机组的设计与建造同时也在不断致力于实现生态友好的目标，落实与自然和谐共生的理念。

1. 保障鸟类安全

随着风力发电机容量的增加，其整体高度和叶片扫掠面积也都在不断增

加。当风电场的地理位置处于鸟类飞行的路线上时，难免会发生鸟类因撞击而死亡的事件，当附近鸟类活动频繁时这一现象更加严重。

为减少风电场发生的鸟类碰撞事件，通常首先需要严格论证风电场的选址。风电场位置的科学选取，能够大大减轻其对鸟类和其他野生动物的影响。一般来说，风电场的建址应当避开鸟类的迁徙路线、栖息地和觅食区等。

不过，即使在设计规划时谨慎考虑，建成后也难免会有疏漏。这时可以使用一些措施将损失减至最小，例如根据鸟类的生活习性，适时关闭风电场；在其他地区通过改造植被为鸟类提供新的栖息地和觅食区；使用干扰设备驱赶鸟类，使之远离该区域；改变叶片花纹颜色，增强可识别度等。

2．控制噪声影响

风力发电机组的噪声主要来源于叶片与空气之间的摩擦作用（见图2-41）。而机械噪声则发生在叶片将自身的旋转动力传递给发电机发电的过程中，是由各个齿轮相互间啮合转动产生。

为减轻噪声对周围居民的影响，通常采取两种方法。一种方法是将风电场选在风能资源丰富，而人口分布稀少的沙漠、海岛、山口等地区，加大风力发电机组与人类活动区域的距离，使噪声在长距离的传播过程中不断衰减。同时，也可以在建筑周围加装隔声设备，降低噪声的能量。

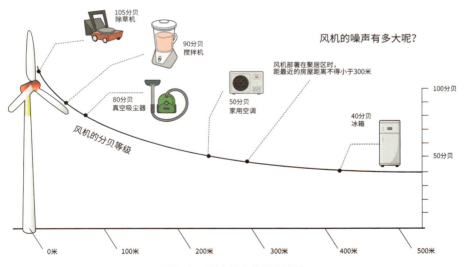

图2-41　风力发电机噪声比较

另一种方法是在噪声源附近对噪声进行处理。通常可在机舱内部加入一定量的吸声材料，机舱外部加装隔声罩（见图2-42）。不过这种方法通常会阻碍机舱的散热，导致内部温度上升，因此，这又需要增加额外的废热处理措施。

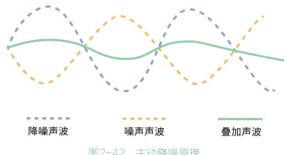

－－－－　降噪声波　　　－－－－　噪声声波　　　——　叠加声波

图2-42　主动降噪原理

意外的伤害

小贴士

　　塔里法（Tarifa）是西班牙南端沿海的一个小镇，当地于1993年建成了一座风电场。按照先前的调研分析，该地区鸟类活动并不频繁，风电场的建设落成对周围鸟类影响不大。然而，在风电场投运的第一年里，管理部门陆续接到了多起关于鸟类撞击风电机而致死的报告，对此大家疑惑不解。

　　在随后展开的调查工作中，工作人员发现在风电场附近存在一个违法的垃圾处理站。正是这个垃圾处理站为鸟类提供了大量的食物来源，使得它们冒险横穿风电场。当关闭该垃圾处理站后，鸟类碰撞的次数显著减少。

五 聚焦未来：层出不穷的新型风力发电构想

随着对风这一自然现象的深入了解和科学技术的不断进步，人们对于风力发电的新形式也在不断地探索，风力发电机就一定是风轮叶片的模样吗？狂风和微风就不适合发电吗？有没有更为丰富的风力资源区可供开发？为了了解这些未来风力发电的新技术，下文将从无叶片风力发电机开始说起吧。

（一）无叶片风力发电

一提到风力发电机，人们脑海里首先出现的便是在一片广阔无垠的大草原上，高高矗立着白色风车，叶片随着风力时快时慢转动的优美画面。但人们是否想过，会不会存在着一种没有风轮叶片的风力发电机？

西班牙公司Vortex Bladeless便提出了一种没有叶片的风力发电机的概念（见图2-43）。该团队受到1940年美国华盛顿州塔科马海峡吊桥崩塌事件启发，想到利用卡门涡街来实现风能的捕获。卡门涡街是在特定条件下，流体流过障碍物时，会在障碍物后方周期性产生旋转方向相反的涡流。

基于这种空气动力学原理，无叶风力发电装置被设计成圆锥形长杆的形状，用轻型玻璃钢和碳纤维制成。这种风力发电装置放置在涡街中，受到左右涡流流动的影响，便会开始振荡。风机的底座上设有两个相互排斥的环形磁

图2-43 无叶片风力发电机

铁，有助于扩大发电杆的震动幅度。无叶片风机通过与来风保持"同步"共振，完成从风的动能到结构的振荡能的转化过程，而后再利用感应发电机或压电发电机将振荡能转变成为电能。

这种设计理念可以减少常规风电机中很多零部件的设计与制造，如叶片、机舱、轮毂、变速器、制动装置、偏航系统等，也就使得无叶片风机具有无磨损、噪声小、便于安装和维护等优点。

（二）人造龙卷风发电

自然界中的龙卷风威力巨大，具有极强的破坏性，所过之处都是一片狼藉，称得上是人类最为害怕的自然灾害之一。但不可否认的是，龙卷风蕴藏着巨大的能量。如果能够通过某些技术手段将这些能量收集起来，那么运用龙卷风进行发电极有可能成为现实。

然而自然界中龙卷风的出现往往是"来无影，去无踪"，很难被控制，所以科学家便设想制造出一种可以被控制的龙卷风。

首先，利用对流层空气上升与下降的规律，使空气快速流动。可以沿着陡峭山体或高层建筑搭建一个大口径的管道，垂直高度达到上百米，以此获得一个3～6℃的梯度温差，为热空气上升或者冷空气下降创造条件，这也就是人造龙卷风的原始动力。

其次，温度梯度的存在使空气流动起来之后，还需要在管道内壁安装间断性螺旋脊。利用这种装置强迫管内气体发生旋转，从而形成中心负压的高速气旋，产生龙卷风。

理论上，人造龙卷风的功率主要与管道内径、垂直高度和陡度有关。在相同条件下，管道内径越大，单位时间空气流量也就越大，发电功率越大；垂直高度越大，梯度温差也就越大，发电功率越大；管道越陡峭，气流阻力也就越小，发电功率越大。

相较于自然风力发电，人造龙卷风发电具有三大特点，分别是风能密度大、稳定性好、地区差异小。在大力提倡可持续绿色能源的今天，人造龙卷风发电具有良好的发展潜力和优势。

根据媒体报道，人造龙卷风发电项目已通过理论验证环节。在充足的资金支持下，原型机已进入生产阶段，而相关实验场的建设也正在进行中。

（三）高空风力发电机

高空中风速较快，同时比地面风更易于预测。高空风的特点促使发明者和科学家更加关注高空，那里的风力向来十分强劲。高空风力发电机是利用距地面500~12000米高的风力来发电的装置。

目前，高空风力发电机主要有两种设计架构。第一个是在空中建造发电站，在高空发电，然后通过电缆输送到地面（见图2-44）。第二个更像是风筝，先将机械能输送到地面，再由发电机将其转换为电能。

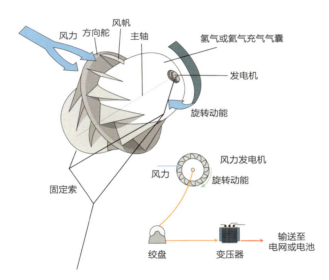

图2-44 高空风力发电机工作原理图

当然，这项类似天方夜谭的技术也面临着极大的挑战：设备在高空高风速下的稳定性；设备在高空雷击频发环境下的安全性；设备的升降、运行及输电方式的复杂性；设备发射、回收、维护的复杂性；对航空安全的威胁等。

这些困难看起来并不会降低人类挑战自我、开发自然资源的勇气和决心。据媒体报道，美国阿尔泰罗风能公司研制出可飘浮在空中的风力发电机原型，能够在距地面100米的高度发电。这款风力发电机借助一个充满氦气的充气壳进入高空，利用绳索固定，然后将所发的电传输到地面。

由于这项技术还远未成熟，目前已有的高空风力发电机样式也是五花八门，还有待人类更为广泛的探索和实践。

趣味实验

自制风力发电机

高大的白色风力发电机在风中不停转动，在给人们带来强烈视觉震撼的同时，也在默默地生产电能，点亮人们的生活。你是否曾想过，如果有一天自己也拥有这样一台风力发电机该多好。

其实这一想法的实现并不困难。只需要一些日常生活中随处可见的小物品，例如废弃的易拉罐、硬纸板，就能够完成一个简易的风力发电装置的制作。

视频
自制风力发电机

（四）全永磁悬浮发电

提到磁悬浮，人们首先想到的就是磁悬浮列车。这种列车根据磁铁"同性相斥，异性相吸"的性质，通过磁铁来抵消重力的作用，列车悬浮在空中，使其与轨道的摩擦力为零，实现高速悬浮前进。

科学家们由此得到启发，如果将磁悬浮这项技术应用到风力发电机上，那么主轴、轴承等各部件都可以实现在没有摩擦力的状态下工作，这势必将大大提高风力发电机的发电效率。

与传统风力发电机相比，磁悬浮风力发电机非常灵敏，可以达到"轻风启动，微风发电"的效果。其启动风速可以降低到1.5米/秒，远低于传统风电机组的3米/秒，大大扩展了对风能的利用范围。据测算，磁悬浮风机整体发电成本大约可控制在0.4元/千瓦时以内，与水力发电、燃煤发电相当，投资回报期也会大幅缩短。

据悉，中国磁悬浮风力发电机已经研制成功，该风机完全由永磁体构成，不带任何的控制系统，这标志着中国乃至世界风力发电技术取得了关键性的突破。加装了全永磁悬浮技术后的风力发电机，在相同的风速下，发电量可以提高20%以上。

如果这项技术实现推广应用，就可以将国内众多地区的低风速资源利用起来，扩大风能开发区域。

第六节 · 核能发电：驾驭原子能量

1945年7月16日，伴随着美国新墨西哥州阿拉莫可德沙漠上空"蘑菇云"的升起，人类完成了历史上首次核爆试验。核能这一神秘而巨大的力量，实现了从理论到现实的跨越，同时也让人们看到了核能发电的光明前途。

几年之后，世界上第一座核电站——奥布宁斯核电站建成并实现发电，引发了各国广泛关注，自此核电产业在世界多地开始了蓬勃的发展。如今，经过工程师们的不断努力，世界上已有30多个国家和地区建有核电站，共有400余座核电机组正在运行，核电技术也从第一代逐渐发展到第四代。

虽然核能发电优点显著，但公众对核电站的安全问题往往存在着不同程度的顾虑。正因如此，科学家们对这份神奇的自然力量时刻保持着敬畏之心，多种防范核事故的设备和管理方法相继出现，以最大程度降低潜在风险。

在传统化石能源日渐枯竭的今天，核能以其资源丰富、能量密度大和污染少的特点，获得了越来越多的国家的重视。而可控核聚变技术一旦实现，能源短缺问题将会被永久解决。核能利用是解决能源问题的必由之路，相信在不久的未来，核能发电必将照亮人类的新能源之路。

● 一　核能利用：从战争到和平

人类历史上无数奇妙的发现，都是源于对未知事物的好奇。这其中，核能称得上是近代人类历史上最伟大的发现之一。在发展过程中，核能的最早规模化应用却是出现在军事领域。

第二次世界大战期间，为了打败轴心国，美国政府在众多科学家的建议和要求下，启动了著名的"曼哈顿"计划。该计划的实施使得原子弹研制成功，并在日本的广岛和长崎引爆，加速了世界法西斯主义的灭亡。

第二次世界大战结束以后，美国、苏联两国又开始了长达近半个世纪的"冷战"，核威慑就成了两国对抗的重要筹码，世界核武器库在不断扩大的同时，与此相关的核工业也得以迅速发展。

苏联于1954年10月建成了世界上第一座核电站——奥布宁斯核电站，这座核电站的反应堆是在钚燃料生产堆的基础上改造而成，额定发电功率可达5000千瓦。奥布宁斯核电站的建成与运行标志着人类正式敲开了和平利用核能的大门。

随着第一座核电站的落成，世界各强国也竞相开始发展核能发电产业，一批早期核能发电机组相继投入运行。这些于20世纪50年代建造而成，主要用于验证工程可行性的机组，在国际上被称为第一代核能发电机组。

20世纪70年代，大量大型商业化的核电站在各国建成并投入使用，这就是通常所说的第二代核能发电机组。第二代核能发电机组主要的反应堆类型包括压水堆、沸水堆、轻水堆、重水堆，以及石墨水冷堆等。其中石墨水冷堆核电站由于存在巨大的安全性能缺陷，在切尔诺贝利核事故后便不再兴建。第二代核能发电机组主要实现了商业化、标准化、系列化和批量化，同时经济性也得到了一定的提升。

20世纪末，为应对三里岛和切尔诺贝利两起核事故所产生的恐慌情绪和负面影响，美国和欧洲各国先后出台《美国用户要求文件（URD）》和《欧洲用户要求文件（EUR）》，进一步明确了预防和缓解严重事故、提高机组可靠性等方面的要求。第三代核电机组也就是指满足这两份文件条件的核能发电机组。当前第三代核电的主流技术有2种，分别是美国西屋公司的先进非能动压水堆（AP1000）和法国阿海珐公司的欧洲压水堆（EPR）。中国的华龙一号和CAP1400技术也具有良好的上升势头，有望在未来成为主力堆型。

2000年1月，在美国能源部的牵头下，法国、英国、加拿大、阿根廷、巴西、日本、韩国，以及南非等国受邀讨论开发新一代核能技术的国际合作问题。各国经过讨论取得了广泛的共识，并于次年7月签订计划协议，成立了"第四代核能系统国际论坛（GIF）"，目标在2030年前后，推出能够继续提升核能安全性与经济性，同时解决废物处理和潜在核扩散问题的第四代核能发电机组（Gen-IV）。

迄今为止，核能的和平利用走过了半个多世纪的时间。在当前的全球总发电量中，核能发电占比达到了16%。可以说，核能发电与火力发电、水力发电一起成为了现如今世界电力的三大支柱。

二 原子力量：质能方程揭秘核能发电

通常而言，核能的能量密度很大，是小原子中蕴藏着大能量。举例来说，一座百万千瓦电功率的核电站每年要消耗约30吨的核燃料，这只需要1个标准集装箱车就可以完成运输。但如果换算成煤炭，则需要300万吨，需要载重20吨的大卡车每天运410车才够。

第一个核反应堆的诞生

"人类于此首次完成自持链式反应的实验，并因而肇始了可控的核能释放。"这是一段刻录在美国芝加哥大学某古老哥特式建筑外墙上的文字。半个多世纪以前，正是在这座不起眼的建筑中，人类正式跨入了原子能时代。

那时正值第二次世界大战，核裂变的发现让各国意识到核武器可能存在着巨大的威力。美国随即提出并实施"曼哈顿"计划，希望赶在德国之前完成理论到成果的转化。其中，意大利裔美籍科学家费米所领导小组的主要任务就是建造一个实验性的小型核反应堆。各成员间配合默契，工作废寝忘食，反应堆在不到一年时间内便安装完成。

1942年12月2日，随着费米的一声令下，反应堆中的主控制棒被抽出，人们屏息注视显示仪器，上头的曲线立即从平缓开始一直上升。28分钟后，控制棒被重新插回，计数器的计数速度逐渐变慢，反应最终停了下来。至此，人类历史中第一座真正意义上的核反应堆诞生，那一刻是下午3时53分。

由于当时的反应装置是由铀化合物冲压块和石墨块等材料堆砌而成，所以被称之为"反应堆"，后来的核动力装置也就都延续了这一种叫法。

（一）核能本质

在宏观世界，物质遵循着这样两个规律：一个规律是指物质质量既不会增加，也不会减少，只会由一种形式转化为另一种形式；另一个规律是指能量既不会凭空产生，也不会凭空消失，它只能从一种形式转为另一种形式，或者从一个物体转移到另一个物体，在转移或转化过程中其总量保持不变。

爱因斯坦在相对论中指出，质量和能量都是物质存在的形式，并且两者之间存在一定的关系。根据此关系可计算出1克重的物质发生湮灭，释放出的能量相当于2500万千瓦时的电能。

质能方程是一个难以想象的理论。不过随着科学实验的进行，人们发现原子核的总质量要比组成它的质子和中子质量之和小。这就说明质子和中子在组合成为一个原子核时，会发生质量溅射，同时对外释放能量，这就是所说的核能。

通常所说的核裂变是怎么一回事呢？以铀-235裂变为例，当一个铀原子核吸收一个中子后，会分裂成为两个较轻的原子核，过程中发生质能转换，释放出大量能量，同时产生两个或三个新的中子，与其他铀原子核继续发生碰撞。如果条件适宜，这样的反应会一直延续下去，仿佛链条一样环环相扣。因此，这也被称为链式反应（见图2-45）。

铀裂变已经是一种较成熟的核应用技术，它可以做到瞬间释放大量能量，也可以通过人工干预来调整核能的释放速度，实现这一过程的设备就称作核反应堆。

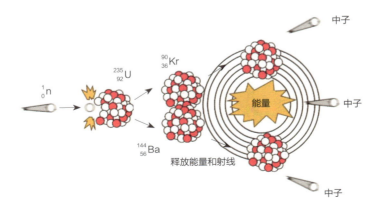

图2-45　链式反应示意图

（二）核能发电原理

核电站，顾名思义就是利用核能来进行发电的电站。当今世界核电站种类众多，其中压水堆型核能发电机组因为技术成熟，其数量占到了总量的一半以上。因此，图2-46以压水堆核电机组为例，来展示核电站运行原理。

核能发电与火力发电的原理大同小异，可以说都是将热能转变为电能，只是以核反应堆和蒸汽发生器替代了燃煤电站中的锅炉。核电站的主要结构通常可分为两部分，一个是基于裂变能从而产生热量的核岛，即一回路；另一个是利用这些热量来进行发电的常规岛，即二回路。

反应堆中的核燃料发生裂变反应，并产生大量的热能，主泵将高压的一回路水打入反应堆中，然后带走这部分热能，再进入蒸汽发生器的U形管内，与二回路的水进行热交换并释放热能后，又被主泵送回反应堆重新吸收热量。

二回路的水在蒸汽发生器中被加热后，变成蒸汽进入汽轮机做功，带动同轴的发电机转子旋转并发电。从汽轮机出来的乏汽进入冷凝器，被冷却水（通常是海水）冷却凝结成水，经给水泵后返回蒸汽发生器，然后重新吸收热量成为蒸汽。

此外，一回路中还有一个用来控制反应堆系统压力的设备，叫作稳压器。

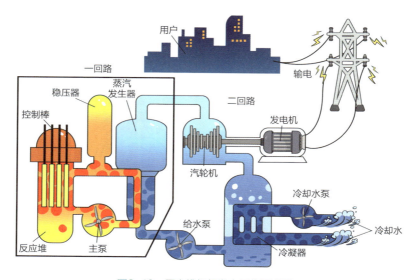

图2-46　压水堆机组发电工作原理图

为保持一回路水具备较好的传热性能，即在高温下也处于液相状态，所以需要对水加压，这也是压水堆名字的由来。当系统正常运行时，稳压器起到保持压力的作用，一般为15.5兆帕。当发生事故时，稳压器为一回路提供超压保护。

爱因斯坦和质能方程

阿尔伯特·爱因斯坦，1879年出生于德国乌尔姆市的一个犹太人家庭。他所建立的一系列理论体系为核能的开发奠定了根基，开创了现代科学技术的新纪元，被世界公认为是继伽利略、牛顿后最伟大的物理学家之一。

1905年，爱因斯坦在发表的《论动体的电动力学》一文中首次提出了狭义相对论的概念，这其中就包括了我们现在所熟知的质能方程——$E=mc^2$。该方程主要用来解释核变反应中的质量亏损和计算高能物理中粒子的能量。

以氦-4为例，它的原子核是由2个质子和2个中子组成。按常理，其原子核的质量应该是所有质子和中子质量之和。但实际上事实并不是如此。氦-4的原子核质量要比2个质子、2个中子质量之和少了0.0302u（原子质量单位）。这也就说明在氦-4聚合的过程中，发生了"质量湮灭"现象，这部分消失的质量被转换成了巨大的能量。

三 发展之路：共谋核电进步前行

截至2019年8月，世界核电的分布版图中，已经有了30多个国家和地区建设了核电站。据统计，当前全球范围内核能发电量占到了总发电量的10%以上，份额仅次于火力发电和水力发电，是第三大电力来源。美国在核电站数目上高居榜首，其在运行的核电站共97座；装机容量比例最高的国家是法国，达到了71.67%。

（一）核能发电技术种类

核能发电产业在漫长的发展过程中，出现了很多不同技术种类的反应堆。有的由于自身的缺陷退出历史舞台，有的经过实践的检验沿用至今。当前应用比较普遍或具有良好发展前景的反应堆类型有压水堆、沸水堆、重水堆、液态金属快中子增殖堆和高温气冷堆五种。

1. 压水堆

压水堆采用价格较低的轻水作为慢化剂和冷却剂。轻水具有良好的热传输性能，但是沸点较低。根据热力学定律，热端温度越高，系统的效率也就越高。因此为了提高效率，通常会对轻水增加压力，并保持其液相状态。一般压水堆堆内压力为15.5兆帕，堆芯进出口温度维持在300℃和330℃左右（见图2-47）。

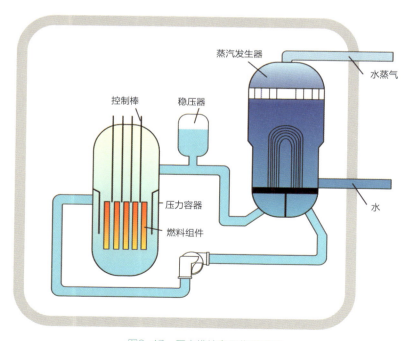

图2-47 压水堆核岛工作原理图

压水堆是目前最成熟的核反应堆型，全球在运的400多座核电站中，这类核电站占到了总量的65%左右。中国的秦山核电站一期、秦山核电站二期、大亚湾核电站和岭澳核电站等都是压水堆核电站。

2. 沸水堆

沸水堆与压水堆相比，其显著的差异就是没有蒸汽发生器，饱和蒸汽直接在反应堆的压力容器内产生。正是由于这些蒸汽是在反应堆生成的，所以将不可避免地给汽轮机造成一定的污染（见图2-48）。

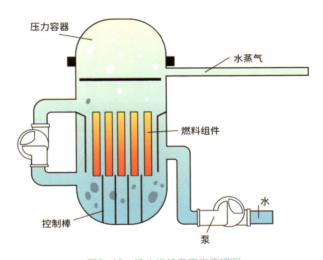

图2-48 沸水堆核岛工作原理图

总体来说，沸水堆具有结构紧凑、建造费用低和负荷跟随能力强等特点。日本福岛第一核电站采用的就是沸水堆机组。

3. 重水堆

重水堆是指以重水作为慢化剂的反应堆。由于重水慢化性能好，中子利用率高，这种堆芯可以直接利用天然铀作为核燃料（见图2-49）。虽然在核燃料方面可以节省一定的成本，但是重水价格却十分昂贵。重水堆核电站可分为压力容器式和压力管式两大类型。

虽然重水堆是发展较早的核电类型，但已经规模应用的只有加拿大的坎杜型压力管式重水堆核电站。中国的秦山核电站三期就是与加拿大合作共同建造的重水堆核电站。

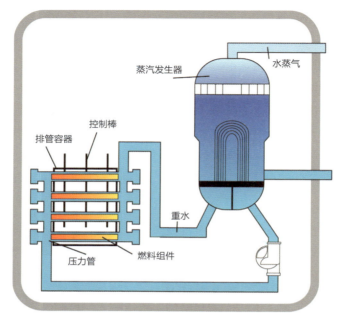

图2-49　重水堆核岛工作原理图

4. 快堆

快堆是一种以快中子引起的核裂变反应作为能量源的堆型。这种堆型在运行时一边消耗原有的裂变燃料，一边又生产出可供另一裂变反应的燃料。裂变燃料越烧越多，得到了增殖，所以快堆全名叫作快中子增殖反应堆（见图2-50）。快堆不但可以使核燃料的利用率提高几十倍，同时还减少了核废料的产生量，实现放射性废物的最少化。

虽然快堆优势明显，但是相关技术实现难度较高，目前尚处于实验室阶段。中国在北京建成的实验性快堆属于钠冷式快堆。

5. 高温气冷堆

高温气冷堆以氦气作为冷却剂，蒸发器的出口蒸汽温度能达到560℃，因此发电效率可以得到大幅提升。氦气化学性质稳定，传热性能好，停堆后能将热量安全带出（见图2-51）。中国山东石岛湾核电站的反应堆就是高温气冷堆。

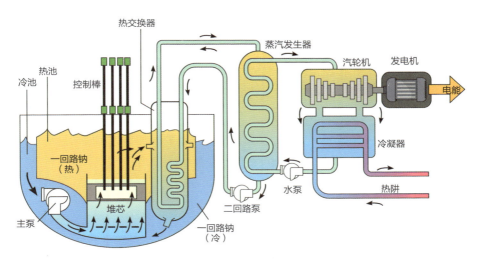

图2-50 快堆核岛工作原理图

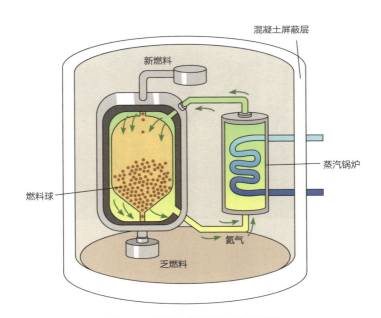

图2-51 高温气冷堆核岛工作原理图

（二）中国核能发电发展趋势

1955年中国开始发展核工业，并于20世纪50年代后期至70年代期间建立了相应的科研、设计、建造、教育和核燃料循环工业体系。80年代初，中国政府首次制定了核能发电发展政策，决定采用"以我为主，中外合作"的战略方针，先引入国外先进的核能发电技术，然后在此基础上经过消化吸收，再逐步实现设计自主化和设备国产化。

1991年，秦山核电站正式投入运行（见图2-52）。这是中国国内第一座自行研究设计、建造及运营管理的30万千瓦压水堆核电站，结束了大陆无核电的历史，并使中国成为继美国、英国、法国、苏联、加拿大和瑞典之后世界上第7个能够自主设计建造核电站的国家。

图2-52　秦山核电厂一期

随后的一段时间，秦山核电站二期、大亚湾核电站、秦山核电站三期相继建成并投入使用，大大提高了中国核电设计、建造、运行和管理水平，为中国核能发电快速发展奠定了良好的基础。

根据2016年国务院新闻办公室发布的《中国的核应急》白皮书的内容，到2020年，中国大陆运行的核能发电装机容量将达到5800万千瓦，在建的核能发电装机容量3000万千瓦左右；到2030年，力争形成能够体现世界核能发电发展方向的科技研发体系和配套工业体系，核能发电技术装备在国际市场占据相当份额，全面实现建设核能发电强国目标。目前，中国已建成、在建和拟建的核电站主要分布在吉林、辽宁、山东、浙江、福建、广西、广东等15个省市和自治区。

主要在建的第三代核技术有美国西屋公司的AP1000和法国阿海珐公司的EPR。中国三代核能发电技术也正在不断完善，其中以国家核电技术公司主推的CAP1400和中国核工业集团有限公司、中国广核集团有限公司联合推出的华龙一号为代表。作为国家战略的一部分，拥有自主产权的第三代核能发电一旦建成，中国将由核能发电大国变身成为核能发电强国。目前，CAP1400重大专项示范工程已进入实质性建设阶段。

而在海外方面，中国核能发电正在借助"一带一路"倡议积极地进入国际市场。巴基斯坦是中国自主研制的三代核能发电技术"华龙一号"落地海外的第一站，该项目已于2015年8月20日开工建设，预计到2020年实现并网发电。

除了巴基斯坦，目前中国还与英国、埃及、巴西、沙特阿拉伯、阿尔及利亚、苏丹、加纳、马来西亚等近20个国家达成了合作意向。

小贴士

核反应堆会发生核爆吗

虽然核武器和核反应堆都是以铀为原料，但是两者实际相差甚远。

一般来说，从矿井中挖出来的天然铀矿通常由99.3%的铀-238和0.7%的铀-235组成，只有后者能够用于链式反应。

如果想要用于军事核武器用途，必须先花费大力气去除杂质铀-238，使铀-235的浓度大于90%才行，而核电站使用的核燃料铀-235浓度仅仅只有3%左右。这就好比于啤酒和白酒，两者同样都含有酒精成分，但是啤酒无法被点燃而白酒却可以。

因此即使核电站核反应堆失控，也不可能发生核武器那样的爆炸。

（四）热点问题：了解辐射与保障核安全

核能发电技术发展至今，已经走过了近百年的历程。但由于其距离人们日常生活较远，能够直观了解的机会较少，使得不少人谈核色变。其实，通过科学家和工程师们的一系列改进和完善，核能发电已经称得上是当今世界上最安全的工业之一。

（一）了解辐射

放射性物质以电磁波或者粒子形式向外发射能量就称为辐射。谈及辐射，人们往往心存疑虑和恐慌，认为一旦接触了辐射就会对健康产生巨大危害。其实这种看法是不准确的，在人们的日常生活中，辐射无处不在。

（二）生活中的辐射

食物、住房、天空海洋、草木山川甚至人们自己的身体内都存在着放射性核素，这些核素产生的辐射被称为天然本底辐射。一般情况下，人们所受辐射总量约有80%来源于此。除此之外，人们还会接收到一些人为辐射，主要是指人为活动引起的照射，例如X光检查、抽烟、乘飞机出行等（见图2-53）。

科学上可以采用希沃特（Sv）作为衡量辐射剂量的单位，简称希。但是由于希沃特是个非常大的单位，所以通常使用毫希或者微希。1000毫希等于1希，1000微希等于1毫希。

随着生命的不断演变和进化，地球上的各种生物已经适应了这种天然弱辐射的环境，据统计当前世界上人均受到的天然辐射剂量为2.4毫希/年。只要辐射剂量与之相当，那么对人体几乎是没有危害的。按照国际辐射防护组织（ICRP）推荐的标准，除天然辐射外公众个人辐射剂量不应超过1毫希/年，放射性工作从业者个人辐射剂量不应超过20毫希/年。

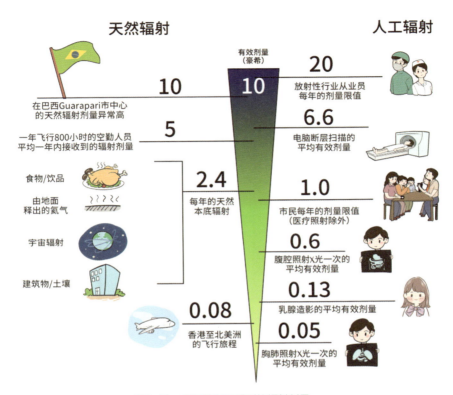

图2-53 不同情况下受到的辐射剂量

（三）辐射危害与防护

　　大剂量的照射必定会造成一定的生物效应。从临床角度来看，当短时辐射剂量小于100毫希，辐射对人体无明显危害；当短时辐射剂量为100~500毫希时，会引起血液中白细胞数目的减少，但无严重伤害；当短时辐射剂量为1000~2000毫希时，会造成疲劳、呕吐、脱发等症状；当短时辐射剂量为2000~4000毫希时，体内骨髓细胞遭到破坏，红细胞和白细胞数目极度减少；若短时辐射剂量大于4000毫希，则有可能直接致人死亡。

　　因此，如果长期暴露于外界辐射环境中，必须要做好相应的防护措施。辐射防护的主要方法有时间防护、距离防护和屏蔽防护三种。

　　时间防护是基于辐射场内人员所受到的累积照射剂量与所处时间成正比的原理，指出人们应当尽量减少与辐射的接触，缩短受照射的时间。

距离防护要求增加人体与辐射源的距离从而达到减少照射量的目的，这主要是因为辐射场中某点照射量与该点和辐射源间的距离的平方成反比。

屏蔽防护的要点是在辐射源和人体之间放置足够厚的屏蔽材料，用以有效吸收辐射源产生的射线。

辐射根据不同的特性来分类，常见的有α、β、γ三种射线。α射线穿透能力弱，甚至无法穿过一张白纸，但如果被吸入体内会造成伤害；β射线照射皮肤后会造成烧伤，不过同样由于穿透能力不强，只要辐射源不进入体内影响就不会太大；γ射线能够穿透人体，穿透能力很强，极易对人体造成损伤。

因此，一旦辐射源已经进入到体内，还需要采取额外的措施，例如吃特定的药物使得其尽快排除至体外。

（四）保障核安全

为保障核电站的安全稳定，无论是早期选址规划、建设管理运行，还是燃料废料处理，工作人员无时无刻不在践行安全至上的理念。

1. 选址安全

首先为了保障核电站的绝对安全，对核电站的选址需要格外谨慎。一般需要从安全、环境、社会、技术、经济等方面出发考虑。

核电站应当远离人口稠密的城市中心，一般建设在经济发达地区的相对偏远区域，50千米内不能有大中型城市。而且要求当地地质条件稳定，地层深部没有断裂带通过，600年内没有发生过6级及以上地震。

核电站在正常运行过程中，需要大量的冷源带走不必要的热量，这也就是大多核电站都建在海边的原因，同时临海而建也方便大型设备的运输。一旦发生放射性物质外泄问题，在均匀扩散的前提下，对陆地的污染也将只有建在内陆核电站相应污染的一半。当然，海边的选址也会额外带来海浪冲击的困扰。对于台风和海啸所带来的海浪影响，通常采用建设相应等级的防波堤来解决。

根据《核电站环境辐射防护规定》要求，核电站周围应设置非居住区和规划限制区。非居住区半径不小于500米，规划限制区半径不小于5000米，以保证在事故情况下能够有效采取应急防护措施。

2. "纵深防御"原则和多道屏障防护

当前世界上核电站的设计、建造和运行均遵循国际原子能机构提出的"纵

深防御"原则，形成多重保护、冗余配置和多样化的概念，从设备和操作上提供多层次的防护，以确保机组的稳定运行和放射性物质的不外泄。纵深防御主要由以下五道防线构成：

第一道防线：在确保核电站设备精良的基础上，建立周全的程序、严格的制度和必要的监督，同时加强对电站工作人员的教育与培训，防止系统偏离正常状态运行或失效。

第二道防线：加强运行管理和监督，及时正确处理不正常警报，排除故障情况。

第三道防线：必要时需设计安全系统和保护系统，防止由于设备故障和人为差错所酿成的事故发生。

第四道防线：启用核电站安全系统，加强事故中的电站管理，防止事故扩大，保护安全壳厂房。

第五道防线：如若发生极小概率事故，并且有放射性物质外泄，立刻启动电站内外应急响应计划，努力将事故对周围居民的影响减至最小。

除此之外，在核电站中还布置了多道屏障，即使发生事故，只要这其中任意一道屏障是完整的，那么核反应堆中放射性物质就不会泄漏。

第一道屏障：燃料包壳。为了减少放射性的核燃料泄漏和核燃料裂变时产生的辐射对人体和周围环境的影响，通常用锆合金管将核燃料密封起来（见图2-54）。

图2-54 燃料包壳

第二道屏障：压力壳。一旦燃料密封装置破裂，放射性物质泄漏到水中，但仍在密封的一回路水中。一般来说，堆芯会被封闭在壁厚达200毫米的压力容器中，这些压力容器和整个一回路都是耐高压的，而主泵和蒸汽发生器也都有特殊的泄漏防范技术（见图2-55）。

图2-55　压力壳

第三道屏障：安全壳。安全壳是一个顶部为半球形的预应力钢筋混凝土结构建筑，壁厚将近1米，内表面另有6毫米厚的钢衬（见图2-56）。包括整个反应堆在内的一回路系统都被包在安全壳内。此外，安全壳内还配有安全注射系统、安全壳喷淋系统和冷却系统等一系列其他系统，这进一步提供了安全保障。

3. 核废料安全处理

核废料泛指在核燃料生产加工过程中产生的，以及核反应堆中无法再使用的并具有放射性的废料。核废料按物理性质可分为固体、液体和气体三类，而根据放射性的强弱又可分为高水平、中水平和低水平三种。

核电站对废料的处理原则是尽量回收，将排放数量减低至最少。核电站内

图2-56 安全壳

固体废物全都不向环境排放，放射性较强的液体废物转化为固体后再处理。例如，电站工作人员的淋浴水之类的低放射性液体经过相关处理手段，经检验合格后再向外排放。气体废物同样经过处理、过滤等工艺，再经检验合格后向高层大气排放。

近几十年以来，世界各国对于高水平放射性核废料的处理技术进行了大量研究，通过间接比对和实际测试，深地质处置法成为当前的最佳选择。为避免对当地环境的影响的同时，进一步提高安全系数，高水平放射性核废料必须经过严格的层层处理。

这些核废料首先要被制成玻璃化的固体，然后装填入被称为"茶罐"的特制金属容器内，之后经过30~50年的临时储藏，再封入第二层比较厚的特制金属容器，并用膨润土等缓冲材料包裹在周围，最后埋入数百米深的地下。此外，处置库周围的岩层也能够有效阻止放射性物质的外泄。考虑到核废料的长半衰期，在选取埋存地址、建造处置库时，必须事先进行大量勘测研究，保证该地区地质条件长期内都是稳定的，至少10万年内安全。

吸烟与辐射

由于烟草的种植和施肥的特殊性，过程中会产生具有辐射性的铅-210和钋-210，并被吸附在烟草叶片上，而烟草的处理加工过程并不能有效去除这些物质，因此在吸烟的同时也就会受到辐射影响。而吸烟时产生的高温以及香烟中的焦油，还会导致放射性物质附着在人体内的某些特定部位，增加疾病隐患。

据计算，每天吸烟1.5包，其每年带来的辐射剂量将是正常情况下人均年辐射剂量的20倍以上。

五　聚焦未来：可控核聚变

当前核电站利用的核能形式都是裂变反应，而地球上已知可用于核燃料制作的铀-235的可开采储量还是有限的。如若想要一劳永逸的从根本上解决人类的能源问题，还是需要寄希望于可控核聚变的早日实现。

核裂变利用的是原子核分裂时释放出来的能量，而核聚变则是基于多个较轻的原子核聚合成为较重的原子核时释放出来的能量。

最简单的核聚变是由氢的同位素氘（重氢）和氚（超重氢）两者发生，过程最后会产生氦核并释放一个中子和大量能量（见图2-57）。相较于核裂变，核聚变有两大优势。

一是地球上储藏的可供聚变反应的原料资源十分丰富。据推算，平均每1升海水中就含有0.03克氘，如此微量的氘发生核聚变反应后却能提供相当于300升汽油燃烧后释放的能量。放眼浩瀚的海洋，一旦实现可控核聚变，那么能源将会是取之不尽、用之不竭的。

二是核聚变过程中放射性相对较小。尽管反应堆本体材料在受到中子辐射后具有一定的放射性，但其衰变期大都在数月以下。即使存在少量衰变时间较

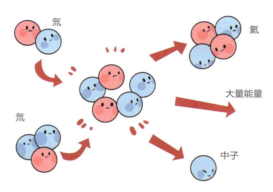

氕

氦

大量能量

氘

中子

图2-57 传统核聚变反应示意图

长的材料，100年后的放射性也是几近于零。

但是核聚变实现的条件也比较苛刻。核聚变是由两个原子核相互碰撞后发生的，原子核都带正电荷，根据"同性相斥"的理论，这两者之间的碰撞是十分难以发生的。

为了克服这个斥力，就需要使原子具有相当高的平均动能，也就是将平均运动速度提升至每秒几千米。加热是提升原子运动速度最简便的途径，但如若要达到这个速度，几千万摄氏度甚至上亿摄氏度的高温环境必不可少。

然而，这又将带来一个新的问题，迄今为止人类还没有研制出能够耐受上亿摄氏度高温的材料。所以研究人员们转变思路，两种基于物理技术的约束高温反应体方法应运而生。一种是惯性约束，另一种是磁力约束。

惯性约束利用超高强度的激光在极短时间内照射氕、氘的混合气体，气体由于受到挤压，温度急剧上升，当温度达到点火温度时，气体便会发生爆炸，产生大量热能。这样的反应会持续进行，释放出巨大的能量。当前美国、法国等国已经着手建造规模更大的激光惯性约束装置，以便早日实现工程化。

磁力约束则是依靠强磁场来约束带电粒子的运动，避免氕、氘发生逃逸。其中，可行性较高的磁场模型就是托卡马克型环形磁场，这是苏联于1954年提出的装置。目前，世界上可控核聚变的相关研究主要就是集中在这一方面。

2018年11月12日，中国科学院等离子体所发布消息，中国全超导托卡马克核聚变试验装置——"人造太阳"项目取得重大突破进展，加热功率首次超过1万千瓦，等离子体储能达到300千焦。此外，等离子体在经过电子回旋与低杂波的共同加热后，中心电子温度首次达到1亿℃。这一过程中获得的实验参数已经与未来聚变堆稳态运行模式所需要的物理条件相接近，这表明人类朝着未来实现聚变堆的运行迈出了关键一步（见图2-58）。

图2-58　中国第四代核聚变实验装置

第七节 · 太阳能发电：沐浴能量之源

　　太阳是一个巨大而炽热的星球，它源源不断地以电磁波的形式向宇宙空间释放能量，这些能量由太阳内部的核聚变反应产生。资料显示，地球能够接收到的能量仅为太阳总辐射的二十二亿分之一，然而太阳每分钟射向地球的能量相当于500多万吨标准煤燃烧时放出的能量。

　　"春有百花秋有月，夏有凉风冬有雪"，这些美好的时节与风景，都是因为有了太阳才存在的。太阳不仅直接给地球提供光和热，还是形成煤、石油、天然气、生物质能、水能、风能等能源的间接力量。可以说太阳与人类生活息息相关，人类无时无刻不在享受太阳带来的馈赠。

　　从取火的阳燧到如今的太阳能电池，人类主动利用太阳能的脚步从未停止。当下节能环保的迫切需要和可持续发展的要求促使人类寻求更多新能源，太阳能的利用因此得到前所未有的发展。

　　与煤炭、石油这些传统化石能源相比，太阳能具有清洁性、广泛性等特点，太阳能发电过程不消耗燃料、不排放温室气体、无噪声。在中国一些常规能源相对匮乏的地区，因地制宜发展太阳能发电，有助于人民生活的改善和中国能源结构的调整。中国已经成为全球光伏发电装机容量最大的国家，太阳能光热利用也在迅猛发展。

　　然而，太阳能发电受天气影响较大，在成为主力电源的过程中，还需要解决其储能、转化效率和成本等问题。随着全球对太阳能领域的研究深入，逐渐化解太阳能发电应用的诸多问题，同时又出现了许多新的太阳能技术，太阳能发电必将有更好的发展前景。

一　太阳能利用：从西周阳燧说起

　　太阳光是地球能量的主要来源，人类主动利用太阳能的历史源远流长，从取火的阳燧，到太阳能发电、太阳能汽车……人类对太阳能的利用已经进入了飞跃发展阶段，太阳能作为一种新型能源的潜力正在不断被挖掘。

　　人类有意识地利用太阳能是从取暖、干燥、取火等热利用的形式开始的，距今已经有3000多年的历史。

　　在世界上许多民族还在钻木或者击石取火的时候，勤劳智慧的中国人就发明了阳燧。《淮南子·天文训》中有这么一段："故阳燧见日，则燃而为火。"阳燧实际上就是中国古人使用的太阳灶，其原理是利用凹面镜汇聚太阳光线，点燃火源。关于这个精妙的发明，最早的历史记录可以追溯到西周时期，时至今日太阳灶依然发挥着重要的作用（见图2-59）。

图2-59　从阳燧到太阳灶，贯穿3000多年历史的精妙发明

　　无独有偶，远在欧洲的地中海文明也有着对太阳能的巧妙利用。相传古罗马的舰队向古希腊领土发起进攻，强大的古罗马舰队气势如虹，长驱直入古希腊的海岸，在这危急之际，古希腊科学家阿基米德想到用镜子反射阳光的好办法，千百面镜子的反光聚集在船帆上，点燃了古罗马舰船，成功击败了古罗马侵略者，保卫了自己的家园。

　　历史的车轮滚滚向前，随着科技的不断进步，人类也对太阳能利用有了更加深刻的认识，不再仅仅局限于生产粮食、取火、干燥谷物，而是开始思考太阳能与电能之间的关系。

　　历史上很多科学发现来源于"阴差阳错"的巧合，光伏效应的发现亦是如此。1839年，法国物理学家贝克勒尔（A.E.Becquere）意外地发现自己的电解池实验中，受到光照射下的两块金属电极板之间竟然产生了额外的电压，他将其命名为光生伏特效应。爱因斯坦于1921年获得诺贝尔物理学奖，并不是因为其举世闻名的相对论学说，而是他对于光电效应（光生伏特效应）的成

功解释，他的工作为今后的太阳能发电研究奠定了坚实的基础。

1877年，W. G. Adams和R. E. Day二人在理论的基础上研究出了金属硒（Se）的光伏效应，并在之后制作出了第一片太阳能电池。但是当时的科学家对于光伏材料的认识不足，太阳能的应用研究仅局限于动力装置的研发，加之煤、石油的大量开发和第二次世界大战的影响，太阳能的研究在将近半个世纪内不被重视。

第二次世界大战结束后，一些有远见的人士意识到化石能源的逐渐减少，呼吁人们寻求替代能源，太阳能研究工作又恢复了活力。第一个有实际应用价值的太阳能电池在1954年诞生在美国贝尔实验室。这一时段，人们利用高纯硅生产太阳能电池，由于材料昂贵、成本过高，初期多用作为特殊电源，供人造卫星使用。

1962年，第一个商业通信卫星Telstar发射，所用的太阳能电池功率14瓦，直径0.88米，重77千克，卫星表面装有3600个太阳能电池片。

通过光伏效应，太阳可以给人类带来电能，但太阳能发电的研究就止步于此了吗？历史总会给我们一些启发，太阳能是一股不可小觑的热量，光热发电的想法由来已久。1950年，苏联设计了第一座太阳能塔式电站，光热发电取得了突破。

20世纪70年代，相比于太阳能电池价格的昂贵，太阳能热发电成本较低，理论完善，发电效率相对较高，因此当时许多发达国家开始重点研究太阳能热发电技术，并且兴建了一批太阳能热发电站。目前，一些国家仍旧坚持光热发电的推广应用。

中国也紧跟国际太阳能利用动态，1958年研制出首块硅单晶光伏材料；从1958年到1965年间，中国科学院半导体所研制出的PN结电池效率突飞猛进，达到国际水准。受经费和技术条件的限制，在20世纪中国太阳能热发电领域开展的工作较少。此后，随着对新能源的不断重视，中国的太阳能行业蓬勃发展，太阳能电站装机容量也不断增大。

二 光伏发电：神奇的半导体

提到太阳能发电的大家族，最先想到的就是太阳能电池。只要有阳光照射，太阳能电池就能产生电，那么它到底是怎么发电的呢？要想知道答案，人们还是得先了解一类神奇的半导体。

硅是一种半导体材料，它的导电性介于导体和绝缘体之间。与金属不同，每个硅原子最外层有四个电子，为了达到八个电子的稳定状态，原子彼此之间分享电子形成共价键。但有些电子从外界获得一定的能量就会摆脱束缚，成为自由电子，而原先这个电子存在的位置就成了一个空位，这个空位叫作空穴。当自由电子可以在空穴之间来回穿梭时，硅也就具有了导电性。

小贴士

世界上最早的太阳能电池

世界上最早应用的太阳能电池均和航天有关。20世纪50年代，各国都积极发展航空事业，一方面促进了航空发动机的研制，另一方面，也催生了太阳能电池发展应用。人造地球卫星上天，设备需要持续不断的电能，普通蓄电池根本无法满足轻便、大容量的需求。基于前期理论的发展和航天的需求，重量轻、寿命长、使用方便，以及能够承受各种冲击、振动的太阳能电池应运而生。1954年，美国贝尔实验室成功研制出转换效率在6%的太阳能电池。1958年，美国的"先锋一号"人造卫星正式发射，它是第一颗使用太阳能电池的卫星（见图2-60）。

图2-60 "先锋一号"人造卫星

只有电子集体朝一个方向移动，才会产生电流。如果硅的纯度是100%的话，电子只能在空穴之间无序的窜动（见图2-61）。为了把这些杂乱的电子组织起来，必须对这些硅做点"手脚"。磷原子的最外层有五个电子，在一块硅板中掺入磷后这块板就会多出很多自由电子，这种板也叫N型硅板。另一块板加入硼原子，硼原子的最外层只有三个电子，因此这块板就会多出很多空穴，这种板也叫P型硅板。

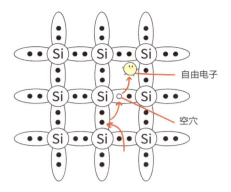

图2-61　硅晶体结构图

将这两张不同的硅板贴在一起，便发生了神奇的现象，无家可归的电子瞬间有了使命，纷纷从N型硅板跑向P型硅板，先占领空穴的自由电子便在两块板的交界处形成稳定区域，这个区域便是PN结。N区的磷原子因失去电子而带上了正电，P区的硼原子因得到电子而带上负电。两端带电有正有负，中间区域就形成了电场，电场产生的力阻止外面的电子继续穿过PN结。不工作的太阳能电池就处于这种状态。

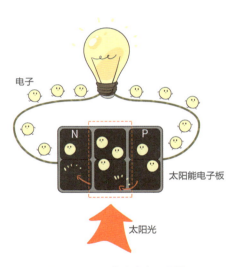

图2-62　PN结产生电示意图

有太阳光照射的时候，硅外层电子获得能量会产生大量的自由电子，再加上由于PN结中稳定的电场带来的力，自由电子便有了方向，只要连接导线，电子便从N区经过导线流向P区，就产生了电流。太阳能电池板发电的基本原理就是如此（见图2-62）。

目前，已知的制造太阳能电池的半导体材料有十几种，因为硅原料丰富、制造技术成熟，硅太阳能电池是最具有商业价值的太阳能电池。以硅为基础原料的单晶硅或者多晶硅太阳能电池在理论和应用方面都比较成熟，转换效率最高可达25%左右，因此产业化水平高，在太阳能发电中占比90%

以上。硅太阳能电池应用形式，既可以自产自销构成独立发电系统，也可以将产生的电能输送到电网。

全球大部分光伏产业中所用的主体材料都是晶硅电池，单晶硅电池和多晶硅电池在光伏面板领域占主导地位。第二代太阳能电池——薄膜太阳能电池的市场如今正在悄然崛起，以其特有的质量轻、透光性好等优势开拓出了一片新领域。

薄膜太阳能电池基本可以使用价格相对低廉的材料作为基板，如陶瓷、金属片、石墨，通过在基板上覆盖多层特殊材料制成的薄膜来产生电压，其厚度仅有数微米，耗材比较少。

薄膜太阳能电池在20世纪80年代就已出现，当时由于产品转换效率低、制造工艺较晶硅太阳能电池复杂得多，以及光衰减和封装问题，因而没有得到足够重视；但是薄膜太阳能电池具有能耗低、性能衰减慢、强弱光均可发电等优点，随着科技的进步它的转换效率也可以媲美传统晶硅太阳能电池。拥有这么多优势的薄膜太阳能电池在全球市场占有率上已经开始向传统晶体硅太阳能电池发起了挑战。

三 光热发电：聚集太阳热量"烧水"发电

人类利用太阳热量的智慧由来已久，虽然在太阳能发电行业90%以上都是光伏发电，但是太阳能光热发电也因其电力输出稳定，并且结合储能技术可以实现24小时连续发电，在太阳能发电领域占有一席之地。

太阳能热发电与常规热力发电类似，只不过是其热能不是来自燃料，而是来自太阳能。太阳能集热器（一般为塔式或者槽式）将聚集的太阳辐射能转化为传热介质中的热能，传热介质被加热到几百摄氏度的高温。然后传热介质通过换热器加热给水来产生高温蒸汽，从而推动汽轮机做功，最后汽轮机带动发电机发电。传热介质一般为熔盐或导热油。

一般光热发电系统可以分成四部分：集热系统、热传输系统、蓄热与热交换系统、发电系统。集热系统，顾名思义就是聚集太阳能并转化为热能的系统，简而言之就是利用太阳光把集热工质"烤热"；热传输系统，是通过泵等设备将工质输送给蓄热系统或热交换系统，传输过程就是一个字："快"，以免工质

"凉"下来；蓄热与热交换系统，相当于一个"大电池"和一座"烧水炉"。

太阳能热发电有多种类型，主要有塔式、槽式、碟式发电这三种（见图 2-63）。槽式线聚焦系统最早实现了商业化，但是大多数太阳能热发电站还处在示范阶段，技术上还不够成熟。

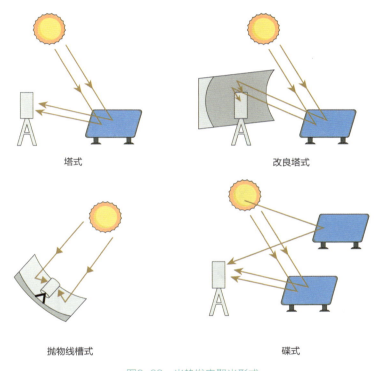

塔式　　　　　　　　　　　　　　改良塔式

抛物线槽式　　　　　　　　　　　　碟式

图2-63　光热发电聚光形式

塔式发电系统属于点式聚集系统，它利用定日镜场阵列将太阳能聚集到高塔顶部的吸热器上来加热传热介质，传热介质被用来直接产生蒸汽或者经过换热器后再产生蒸汽，用来推动汽轮机做功，实现发电（见图2-64）。

槽式太阳能热发电系统全称为槽式抛物面反射镜太阳能热发电系统，其将槽式聚光器进行串、并联排列，通过聚集太阳光来加热工质，加热的工质被用来直接或间接产生蒸汽，以此来推动汽轮机发电（见图2-65）。

碟式系统是世界上最早出现的太阳能光热发电系统，也属于点式聚集系

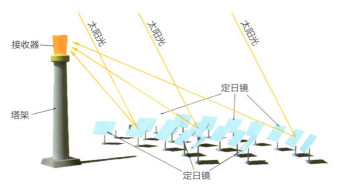

图2-64　塔式太阳能电站工作原理图

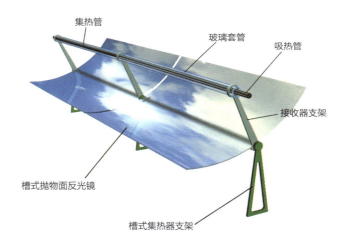

图2-65　槽式太阳能电站工作原理图

统。系统由许多抛物面反射镜组成，通过将太阳光聚集来加热接收器内的工质，以此来驱动斯特林发动机进行发电（见图2-66）。

　　与光伏发电相比，太阳能光热发电灵活性及可靠性更高。光热发电可以把热能储存起来，因此在阴天、黑夜也能发电，具备了作为调峰机组的可能。

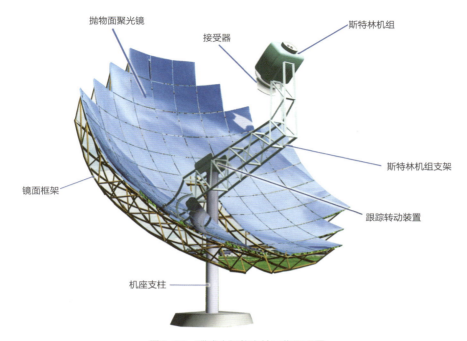

抛物面聚光镜
接受器
斯特林机组
斯特林机组支架
镜面框架
跟踪转动装置
机座支柱

图2-66 碟式太阳能电站工作原理图

光热电站投资成本大约是光伏的4倍，因为太阳能热流密度低，需要大面积光学反射装置和昂贵的接收装置，所以导致发电成本较高；由于需要直射高强度太阳光，光热电站一般都建在沙漠中，地域限制性强。未来，将光伏和光热发电结合起来，实现全天候发电是太阳能利用的一个重要发展方向。

四 资源与现状：太阳能发电的发展之路

几个世纪以来，人类经济文明建设经历了飞速的发展，但也留下了众多的问题和隐患。常规化石能源的长期大量开采，使得人们不得不警惕和面对能源枯竭的问题。同时，化石能源的大量使用也是破坏生态环境的罪魁祸首。人类开始意识到问题的存在并着手解决，新能源的开发和利用能够有效地弥补常规化石能源的诸多不足，太阳能便是其中一种。

（一）太阳能发电的优势

太阳能光伏发电站运行的时候，没有燃料的消耗，零排放、零噪声，在使用阶段真正做到了清洁环保。以北京为例，装机容量1万千瓦的光伏项目（年满发小时数为1000小时）的年发电量为1000万千瓦时，相当于每年节约标准煤3.2万吨，减排二氧化碳约12万吨左右。

太阳能光伏发电站具有良好的建筑地域适应性。太阳能光伏发电适用范围非常广，既可以在沙漠、戈壁建造，也可以在居民楼顶轻松使用。太阳能光伏发电安全可靠，发电规律性强，可预测性高，而且其生产原料丰富（地壳中硅元素含量位列第二），规模大小皆宜，使用寿命长。

离网发电是太阳能光伏发电的又一大优势。离网发电系统指采用区域独立发电、分户独立发电的供电模式。沙漠和草原腹地的农牧民家庭距离公共电网较远，有时还需要不断的迁居，因此只能依靠小型发电机发电，大功率电器无法使用，用电的稳定性难于保证，日常生活受到很大的限制。太阳能光伏发电不受光伏板规模的限制，一个指甲盖大小的光伏板都可以单独发电，即发即用的离网光伏发电能够解决偏远山区、海岛等地区用电困难问题，改善居民生活质量。

太阳能并网发电与离网发电

小贴士

太阳能并网发电系统能够完成太阳能到电能的转化，不经过蓄电池储能，直接通过并网逆变器，把电能送上电网。

离网发电系统指采用区域独立发电、分户独立发电的供电模式。

（二）中国太阳能资源分布

太阳能发电本身的优势使得其在新能源中脱颖而出，得到国际社会的认可，成为最具潜力的未来发电形式。中国丰富的太阳能资源使太阳能发电有了用武之地。

青藏高原地区有太阳能利用的天然优势，青藏高原地区平均海拔高度大于4000米，具有气层薄而清洁、透明度好、纬度低、日照时间长的优越条件。太阳总辐射量比全国其他省区和同纬度的地区高。而太阳辐射量最少的要数四川和贵州两省，其中尤以四川盆地为最，那里雨多、雾多、晴天少，年平均晴天仅有24.7天，阴天天数为244.6天。中国北方和沿海等很多地区每年的日照量都在2000小时以上，海南的日照量更加充足，甚至达到了2400小时以上。同时，中国荒漠面积有108万千米^2，光照资源丰富。1千米^{2}的沙漠面积可安装10万千瓦光伏阵列，每年可发电1.5亿千瓦时。因此，中国太阳能发电有充足的资源优势。

与其他国家和地区进行比较来看，中国绝大部分地区的太阳能资源相当丰富，太阳能资源量与美国相当，超出日本、欧洲等国。

（三）中国太阳能发电现状与挑战

中国具有发展太阳能发电无可比拟的优越性。尽管在光伏生产线核心装备技术方面与国外还有一定差距，但依靠全产业链光伏产品规模优势，中国太阳能光伏发电行业迅速崛起。同时，国家也加大了对光伏产业的扶持，努力抢占光伏产业制高点，摆脱"世界工厂"的帽子。

小贴士

漂浮式太阳能电站

2017年，安徽省淮南市潘集区建成"世界上最大的漂浮式太阳能电站"。2016年，世界最大水上太阳能发电站的名号还属于英国。安徽省的这座水上漂浮式太阳能电站位于淮南市的一座水塘之上。这座水塘的前身为采煤沉陷区，并非大家想象之中的水库。这座水上的太阳能电站在水面放置了16万块太阳能板，装机容量规模高达4万千瓦。建设水上太阳能发电站充分利用了水域，不仅可以创造可观的经济效益，而且可以节约不少农业用地。

中国太阳能光伏发电的成就巨大，与中国因地制宜、合理利用太阳能资源密不可分。目前中国光伏制造业、光伏发电装机容量和光伏发电量都是世界第一，2018年，中国光伏发电量达到1775亿千瓦时，平均利用小时数1115小时，在世界排名首位。

虽然近几年太阳能发电行业取得了优异的成绩，但面临的问题依旧严峻。一方面，太阳能电池的光伏转换效率不高，因此难以单独形成高功率发电系统。另一方面，虽然太阳能电池发电过程是非常环保的，但晶体硅电池的制造过程并不完全绿色洁净。晶体硅电池的主要原材料是纯净的硅，地球上的硅元素含量仅次于氧元素，但主要以氧化硅的形式存在。从砂砾一步步变成高纯度的晶体硅要经过多道化学和物理工序，不仅消耗大量能源，也会对环境造成污染。

较高的发电成本也限制了太阳能光伏发电的进一步发展，中国工业和信息化部的《2017年我国光伏产业运行情况》的报告中指出太阳能2017年光伏发电成本为0.5~0.7元/千瓦，而同时期燃煤发电成本为0.2~0.3元/千瓦。太阳光是免费的，但利用太阳能是有门槛的。事实上，多晶硅的上游原材料——石英砂在中国并不缺乏，甚至国外不少精硅公司都直接从中国采购。由于中国多晶硅的提纯技术距离国外还有一定差距，因此进口多晶硅成了必要的选择，这也是太阳能光伏发电成本居高不下的原因之一。

新生事物的发展和前进离不开多方面的支持，中国在税收、土地使用、电费补贴等方面给予了光伏产业很大支持，促进光伏产业迅速发展。随着科研的不断深入，太阳能的利用必将逐渐成为能源主导。

五　前沿技术：智慧多样的太阳能利用

太阳能是一种清洁环保的新能源，现在世界各国都非常重视太阳能的发展，这种趋势也证明了尽管太阳能还存在很多不足，但是依旧有光明的前景，是一种利用性能优良的新能源。然而，在开发利用太阳能的同时，也要扬长避短，大力开发新技术，提高太阳能的利用效率，让太阳能为人们的生活贡献更多能量。

（一）太阳能自动跟踪系统

日出东方落西山，太阳的位置是时时刻刻变化的，因此人们可以根据太阳的位置来辨别方向和时辰。时刻变化的高度和角度给太阳能利用带来了难题，只有当太阳光直射太阳能光伏电池板的时候，太阳能才能最大限度地转化为电能。太阳能光热发电也是这个道理，众多的反射镜面需要时时刻刻将光线聚集到集热器才能有效地加热工质，产生更多的电能。

太阳能自动跟踪系统，俗称"向日葵"跟踪系统，为这个问题找到了答案。有了自动跟踪技术，所有的光伏板和反射镜面不再静立不动，它能够根据太阳位置的变化实时调整角度，从而提高太阳能的利用效率。

早期的太阳跟踪控制系统操作流程复杂，且移动装拆不便。随着技术的发展，目前的智能太阳能跟踪系统能够根据太阳光线的变化自行运算，进而调整最佳的角度，有效地消除了早期跟踪系统地域灵活性差和精准度低的缺点。使得太阳跟踪的精度显著提高，能够进行实时跟踪，从而提高了太阳能的利用率。

"太阳花"（Smartflower）

小贴士

太阳能的重要性不言而喻，国外一个团队希望能加强普及太阳能在家庭中的应用，因此对太阳能发电系统做出了全新改进，设计出了Smartflower。除了如同绽放花朵的优美外观，Smartflower还是一个简单、高效、强大、一体化的太阳能系统。相比传统屋顶发电系统，Smartflower能够从水平和垂直角度双轴追踪太阳，扇面始终以90°直面追随太阳，大大提高了光电转换效率、太阳能利用率等。Smartflower还能将光照充足时产生的多余电量储存下来，充分满足家庭供电需求。

（二）形式多样的太阳能利用

太阳能烟囱发电技术被认为是一项具有发展潜力的新技术，这一理念的提出者是乔根·施莱奇教授提出的，需要的建筑材料简单，运行与维修简便。目前在西班牙已经建成了一座太阳能烟囱发电站。

像蔬菜大棚一样，太阳能集热棚和地面有一定间隙，将太阳能收集起来，对空气加热，空气沿着烟囱上升，系统中涌入冷空气，从而空气在内部循环流动，由于集热棚足够大，在烟囱中流动的空气就形成了强大的热气流，推动安置在烟囱底部的空气涡轮发电机发电（见图2-67）。

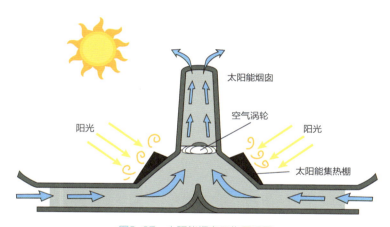

图2-67 太阳能烟囱工作原理图

相对于庞大的太阳能烟囱发电，太阳能热声发电技术可以实现小规模集热，更加适合于太阳能这样低品位能量的利用（见图2-68）。它是将太阳能光热发电的集热系统与热声发电系统结合起来，太阳能收集起来的热能被热声发动机所利用，加热介质引起声波振荡，从而带动直线发电机发电，发电效率可达20%。

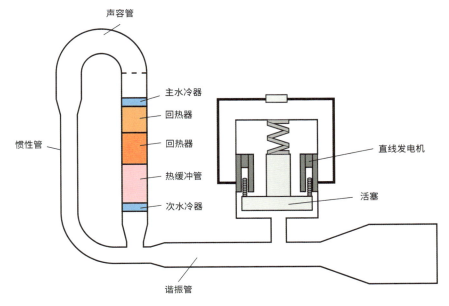

图2-68 行波热声发动机结构图

六 生活应用：身边的太阳能利用

太阳能的利用不仅仅停留在工业当中，其实在人们的生活中，随处可见太阳能产品，如太阳能热水器、太阳能路灯等，太阳能装置可谓是全方位服务人们的生活。

（一）衣

服装的作用就是抵御严寒、遮挡酷暑，但是现实生活中，冬天人们要穿上厚厚的羽绒服、保暖衣，夏天也要穿上防晒衣、戴上遮阳帽。太阳能服装巧妙地把太阳能利用与服装结合起来，让人们的四季穿着都如春天般舒适。上海交通大学自主研发出一款"太阳能空调衣"（见图2-69），它是一种可安置在背部皮带上的单人降温设施，它可以将腰部的风往上抽调，然后从后领口排除，以此降低人体温度，它的太阳能电池板可以安装在军训制服肩章上，目前主要为参加军训时的伤病同学服务。由于形状娇小美观，"太阳能空调衣"被形象地称作"BP机"，未来可以为高温环境中工作者带来清凉。

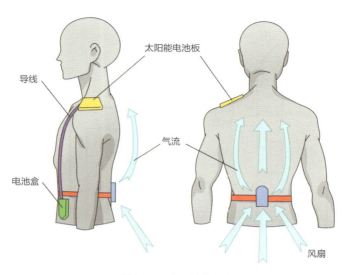

图2-69　太阳能空调衣

导线
太阳能电池板
气流
电池盒
风扇

（二）食

　　温室大棚能够在不适宜植物生长的冬天提供温度适宜的生长场所，种植反季节蔬菜、水果供人们食用。当夏季到来，由于温室温度过高，又需要拆除。如果在棚顶装上光伏电池，能为棚内的设备提供充足电力，同时利用光伏电池生产的电能进行大棚温度控制，便可以真正实现四季如春（见图2-70）。

图2-70　光伏大棚

太阳可以晾晒食物，在人们生活中屡见不鲜。干燥作业是农副产品加工过程中一个必要环节，但是传统露天干燥效率低，干燥不彻底。中国各地太阳能资源丰富，利用太阳能对农副产品进行干燥就会非常方便，使用太阳能干燥器有益于提高中国农业生产的水平。

（三）住

太阳房将太阳能设施与建筑进行有机结合，利用太阳能集热器代替屋顶、墙壁覆盖层或保温层，洗浴热水、供电、供热等都由太阳能提供。同时，为了解决太阳能随季节、天气的辐射强度变化，很多设计者将热泵与太阳能结合起来，可以解决冬季太阳能供暖中存在的水温低、利用时间短等问题。

（四）行

电动自行车的发明实现了"自行"和方便，但是一旦蓄电池没电，电动自行车就变成了大麻烦。中国已经研制和生产出太阳能自行车，目前还在优化阶段。这种自行车外形就像普通的折叠自行车，车头上挂着太阳能电池板，遇到没有太阳光的天气就用外接电源充电或使用脚蹬，也可在野外给电脑、手机充电、照明。

人类也在研制以太阳能为动力的飞机，20世纪，"太阳挑战者"号飞机在美国问世，飞机重90千克，翼展14.3米，在机翼和水平尾翼的表面装了1.6万片太阳能电池，在理想阳光照射下能输出3千瓦以上的功率。

同时，太阳能汽车也在不断改进。依靠传统汽油发电机和太阳能电池板共同驱动的汽车，在适用性能上相较于完全依赖汽油或完全依靠电池板供电的汽车都有了很大的提升。因有汽油发动机驱动，太阳能蓄电池的容量只要满足一天的使用量即可，与仅用蓄电池的汽车相比，容量可减少一半，也减轻了车重。

太阳能作为一种新型能源已经进入人们生活的方方面面，在人们节约能源和保护环境的同时，也为人们的生活带来巨大便利。

自制太阳能发电机

　　各种利用太阳能的设施已经悄然融入我们的生活当中，太阳能热水器、太阳能路灯随处可见。自己能否动手把太阳的能量转化为电呢？只需要准备一块手掌大的太阳能电池板、逆变器和电线等材料，就能做出简易的太阳能发电装置。下面展示的视频中，有些人巧妙地利用生活中能够获取到的零件，组装成太阳能发电小设备，精巧又实用。

　　视频中需要用到的材料有一块手掌大小的太阳能电池板，一个玩具小汽车，若干连接电线。

视频
自制太阳能小汽车

　　目前，作为可再生能源的一员，太阳能产业蓬勃发展，给人们的生活带来了很多方便，是解决能源危机的一个很好的出路。全球都很重视太阳能产业的发展，虽然在发展道路上遇到各种各样的困难，但是无论怎样太阳能产业是未来能源发展方向之一，符合低碳环保可持续发展的要求，太阳能产业的明天会更加美好。

第三章

"锦上添花"
的发电

　　人类不断探索新型发电方式，从"变废为宝"的生物质发电，到"烟波浩渺"的海洋能发电；从"来自脚下"的地热发电，到"无需燃烧"的燃料电池。尽管所发电量仅占发电总量的一小部分，但是这足以体现人类的探索欲望和创造力。

第一节 ✦ 生物质发电：助力无废世界

经历了20世纪科技的飞速发展，21世纪的科学家开始着手解决一个极其重要但是容易被忽视的问题："当发电用的燃料用完了，应该怎么办？"一时间，风能、太阳能等可再生能源纷纷登上舞台。与此同时，科学家们将目光转向了与人们生活息息相关的农业、林业、城市排放。这些一般人眼中的"废弃物"，如今已成为可以利用的宝贵资源。

生物质，顾名思义就是"生物的物质"，大到我们身边的植物、动物，小到病毒、细菌，只要是生物或者是生物产出的物质，我们都称之为生物质。从本质上来说，生物质都是由碳元素为骨架构建而成，与电厂所用的煤如出一辙。自然而然人们就会想到，是否能够让生物质像煤一样产生能量呢？

生物质能便是生物质中所蕴含的能量。生物质能对于人类来说并不陌生，实际上生物质能是人类最早运用的能量形式。从中国古代先祖钻木取火来取暖、煮食、驱兽，到目前世界上仍然有部分地区将柴薪作为日常必需品，生物质自人类诞生之日起始终陪伴，可以这样说：人类利用生物质的历史就是人类的文明发展史。

现今，人们所说的生物质能源，多来自农林业废弃物、垃圾等。正当人们在为如何处理这些废物绞尽脑汁之时，生物质发电作为一种行之有效的处理方式被科学家提出。针对不同的生物质，有着不同的处理方法和发电形式，例如生物质燃料燃烧发电、沼气发电、垃圾发电等。

一 秸秆发电

对生物质最古老、最主要的运用方式是直接燃烧。然而生物质原料不同，产生的热值也不尽相同，从而处理的方式也会有差别。按照出现的先后顺序，一般将生物质燃料分为三代，以第二代农林废弃物为主的燃料最为常见，其中秸秆是最具代表性的生物质发电的原料。

在收获粮食后，秸秆作为农业废弃物，人们往往将其就地焚烧。据统计，中国黄淮海平原等粮食产区每年有1亿吨以上的秸秆被焚烧。燃烧产生的飞灰会随风飘荡，飞灰所飘到的地区在几天之内空气中都会弥漫着刺鼻的气味，整个城市被蒙上一层"灰"，居民不得不戴着口罩出行。这不仅对人们的生活和身体健康造成危害，而且也是对资源的一种极大浪费。作为一种可燃的物质，1吨秸秆的燃烧发热量和0.5吨标准煤相同。同样是焚烧，可不可以将其作为发电的燃料呢？在这种思想的启发下，世界各国都在开发农业、林业废弃物直燃技术。

秸秆燃烧发电原理和燃煤发电类似，只是将燃料由煤替换成了秸秆（见图3-1）。但是秸秆燃烧发电有两个独特之处：一是回收的秸秆都是松松散散，大小不一，所以在使用之前会给秸秆做个"整形手术"，通过干燥、压缩等一系列"手术"使秸秆最终压缩成整整齐齐的棒状，方便储存、运输；二是"对症下药"，烧煤有烧煤的路子，烧秸秆有烧秸秆的方法，由于热值和燃烧产物不一样，一般燃煤锅炉并不适用于燃烧秸秆，因此需要专门为秸秆量身打造秸秆锅炉，使得秸秆能够充分释放能量。此外，秸秆与煤混合燃烧发电也是一个相当好的办法（见图3-2），目前部分燃煤电站对煤粉掺烧生物质进行了有益尝试并取得成功。

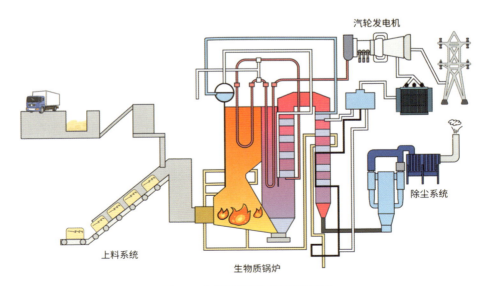

图3-1 生物质燃烧发电工作原理图

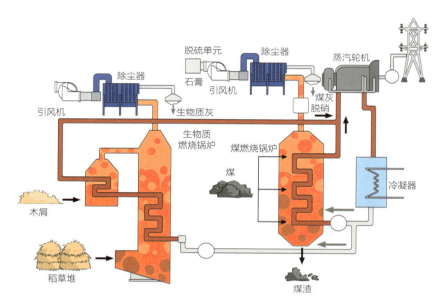

图3-2　燃煤耦合生物质发电工作原理图

　　世界上秸秆发电技术最成熟的国家是丹麦，世界第一座生物燃料电站也是在丹麦建成的，直接带动了欧洲国家的生物燃料电站的发展。中国是农业大国，发展生物燃料有着得天独厚的优势。秸秆发电污染小，同时还处理了大量农业废弃物，可谓一举两得。但是目前中国秸秆发电技术处于起步阶段，加之中国农、林业废弃物资源分布虽然广，但是分布密度低，分散在各地区，电站为了将分散的原料集中起来，要付出较高的运输、储存成本，从而使得秸秆发电有时经济性较差，所以中国秸秆发电距大规模应用还有一定的距离。

充满争议的第一代生物燃料

以秸秆为代表的农、林业废弃物生物燃料一般被称为"第二代生物燃料",主要特点在于其成分以粮食作物中不能被消化的纤维素为主。

在发展生物质能源的初期,以美国为首的西方国家为了缓解石油压力,激进地采用了从粮食作物中提取生产乙醇作为燃料原料的方案,这些燃料称为"第一代生物燃料"。一时间,玉米、甘蔗、甜菜、土豆这些营养丰富、可口美味的食物不得不放弃自己的"本职工作",而被各国作为提取乙醇的原料。最终造成食物价格上涨,生物燃料还被打上了"与粮争地,与人争食"的罪名。2008年的全球粮食危机与第一代生物燃料的发展不无关系。虽然为其喊冤的声音也不在少数,但是普遍认为这种生物燃料的发展确实是有"拆东墙,补西墙"之嫌。

能源的开发利用任重而道远,不能因为面对"任重"而忘记"道远",只顾眼前的燃眉之急而"一叶障目,不见泰山"。现如今科学家已经开始发展以藻类为主的"第三代生物质燃料",相信生物质燃料的明天会越来越好。

二 沼气发电

沼气,顾名思义就是沼泽里的气体。实际上沼气就是考察沼泽池的过程中所发现的,人们发现只要划着火柴,就可以将这种沼泽里不断冒出的神秘气体点燃。科学家们进一步发现,这种神秘气体除了存在于沼泽,还广泛出现在富含微生物的污水沟或粪池中。

沼气的产生离不开微生物。微生物在一定环境下可以通过分解和发酵作用,将生物质原料转化为具有良好燃烧性能的沼气。沼气的主要成分是甲烷、二氧化碳、氮气、硫化氢等,甲烷作为可燃气体,是沼气能够燃烧的主要原因；同时由于二氧化碳这样不可燃气体的存在，沼气比起纯甲烷来说更加稳定，具有良好的抗爆性。人们发现沼气良好的化学性质之后，便通过修建专门的沼气池开始制造沼气。

沼气池种类繁多，形式不一，但构造和原理都是相同的，均是利用微生物对人畜粪便、秸秆、污水、杂草等有机物在密闭空间中的发酵分解产生沼气，沼气池的作用就是营造出一个适合微生物成长的环境。制造出来的沼气可以被用于专门的沼气灯、沼气灶等电器以满足生活需求，还可以被用于沼气发电给各家各户供电（见图3-3）。

沼气发电不再需要像大型电站一样大量而又集中地采集原料，而是家家户户各成体系。既然发电的原料分散，那就"对症下药"，分散式地发电。当然，小型的沼气电站集中发电的形式也是存在的，但目前中国相对较少。

沼气发电成本低、方式灵活，最重要的是发电的原料在农村随处可见，特别适合在远离大电网、少煤缺水的农村地区建设沼气发电站。此外，沼气池中的沼渣也是良好的肥料。

目前，沼气发电凭借自身灵活、多赢的特点已经成为中国能源战略的重要组成部分。

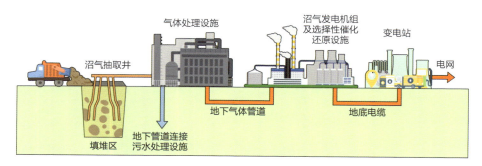

图3-3　沼气发电工作原理图

三　城市垃圾发电

垃圾处理一直是城市规划管理的一个重大难题，而且随着社会的飞速发展，城市生活垃圾也日渐增多。据统计，中国仅上海市就年产垃圾400万吨，直接用于收运处理垃圾的费用高达2亿元。目前的城市垃圾的传统处理方法有填埋、堆肥处理、焚烧等方法，这些方法对于环境均会造成破坏和影响。比如垃圾填埋，垃圾中的有害金属、有害气体会污染周围的土壤环境和地下水资源，垃圾发酵产生的沼气容易聚集并产生爆炸；垃圾焚烧产生的有毒物质和有害气体更是影响人们的正常生活。

垃圾电站便是解决城市垃圾问题的一个好思路，因为垃圾中含有大量的可燃物，比如食物残渣、有机废弃物等，像秸秆一样焚烧后可以产生一定热量。一般来说燃烧3吨垃圾的热量相当于燃烧1吨标准煤产生的热量。尽管垃圾燃烧发热量还不如秸秆，但是这样既处理了垃圾，又能产生效益，可谓一举两得。

垃圾焚烧发电也是火力发电的一种，燃料燃烧产生热量加热水带动汽轮机做功发电（见图3-4）。根据处理方式的不同，垃圾焚烧发电分为两种形式：一种是无分拣垃圾发电，是最为直接的处理方式。将运来的垃圾直接送入垃圾坑中进行一段时间的脱水和发酵，然后经过坑上方的吊车抓斗将垃圾投放到焚烧炉入口的料斗中，通过油枪加油或者加煤助燃。焚烧产生的气体热分解变为无臭气体，燃尽后的飞灰在冷却后通过传送带传送并利用电磁铁将灰中的金属

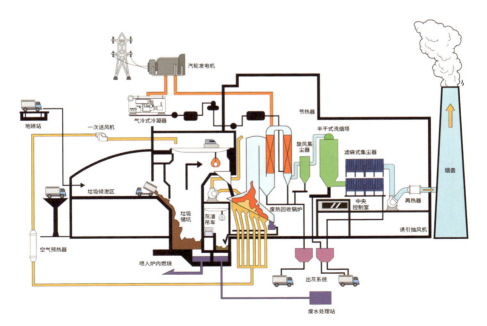

图3-4　垃圾发电工作原理图

选出回收，灰渣送入灰厂进行综合处理。另一种垃圾发电的形式是有分拣垃圾发电，主要多了一个预处理过程，将垃圾中玻璃等不可燃烧物质拣出，并且采用破碎机将垃圾破碎，使之更容易燃烧。

垃圾焚烧发电固然是有利于城市发展的好方法，但是由于垃圾的成分复杂，焚烧总归会产生一些有害物质。除了烟尘、二氧化硫等常规的污染物，最特殊的是有机物在金属与氯元素作用下燃烧产生的有害物质——二噁英。二噁英有着强烈的致癌作用，是目前所知的毒性最强的有机化合物。目前对于二噁英的处理一方面主要着眼于源头、形成途径，对垃圾进行脱氯处理，分拣金属减少反应催化剂的存在；另一方面改善炉膛结构，严格控制炉膛温度高于850℃，对二噁英附着的飞灰采用专门容器收集并进行无害化处理。

除了燃烧垃圾利用其热量之外，填埋垃圾产生沼气也可以进行发电。过去人们在填埋垃圾的时候一直将沼气当作潜在的危险和引起温室效应的污染物，实际上垃圾卫生填埋场沼气发电技术的出现为垃圾发电提供了一条新的思路，垃圾通过发酵产生的沼气可以被集中收集、过滤后送入沼气发电系统进行发电。除了产生沼气来发电之外，垃圾本身也可以被气化为可燃烧的氢气、一氧化碳等气体作为气体燃料进行发电。

目前世界上垃圾发电技术，丹麦起步最早，之后法国、荷兰均发展了自己的垃圾燃烧发电技术，并成功将垃圾发电向全国进行推广。20世纪80年代开始，美国、日本、芬兰开始发展自己的垃圾燃烧发电技术。同时，中国也开始了自己的垃圾燃烧发电技术的研究，1985年在深圳引入了中国第一台垃圾焚烧电站，之后在珠海、杭州、北京、上海等全国各地均建立了垃圾电站。

生物质的利用绝不仅限于发电，在气化制燃气、燃料乙醇、生物柴油等各方面，生物质都在展示自己独到的本领。值得一提的是，生物质制氢技术直接推动了燃料电池发电技术的兴起。随着人们资源意识和环保意识的增强，曾经的废品和垃圾也成为资源，生物质发电技术真正做到了化腐朽为神奇，未来无废世界不再是梦！

第二节 ✦ 海洋能发电：享用大海之威

海洋——占据地球表面四分之三的"蓝色领土"，拥有着地球上最丰富的资源。除了构成了海洋主体的水资源之外，海洋中还蕴藏着远超地表的生物资源，地球半数以上的石油和天然气资源，富含锰、铜、镍、钴的海底金属矿产，含有金、银等贵重金属的液状矿产，还有储量惊人的可燃冰——国际公认的迄今海底最具价值的矿产资源。实际上，除了这些沉睡在海底的宝藏之外，科学家们发现海洋也是一个庞大的能源宝库，海洋每天吸收来自外界的各种能量，以潮汐能、波浪能、温差能等不同的形态储存着能量，等待着人们的开发利用。

一 潮汐能发电

"大海之水，朝生为潮，夕生为汐"，古代人们就注意到了海水有涨潮和落潮的自然现象。涨潮时，海水蜂拥至岸边，掀起波涛，轰轰作响；落潮时，海水急速后退，露出大片海滩。古代人民利用潮汐的特点，合理安排出航时间，落潮时拾取留在海滩的贝类和鱼虾，中国唐代和11世纪欧洲的沿海地区还出现了利用潮汐来推磨的作坊。"春江潮水连海平，海上明月共潮生"正是古人对于潮汐景色的生动描写，巧合的是这句诗句正好写出了潮汐这一自然现象的起因之一——月球。

牛顿的万有引力定律告诉我们：自然界任何两个物体都存在相互吸引的力，而潮水就是月球对地表上不同位置的海水产生不均匀的吸引力所形成的。中国的古人实际早就发现了潮水的涨落和月球的运动之间存在着一定关系："涛之起也，随月盛衰"，"潮之涨落，海非增减，盖月之所临，则之往从之"，这些都是古代先贤对潮汐最早的科学解释。实际上不只是海洋，大气、地壳等所有受到月球引力的物质都会有类似潮汐的周期变化现象，但是海洋的潮汐涨落最为明显，涨落高度可达十几米，这种潮汐涨落之间暗含着发电的潜力。

潮汐发电有两种形式：一种是直接利用潮汐涨落时的流速来带动双向水轮机发电，这种形式的发电造价低，结构简单。但由于潮流流速的周期变化，造成发电时间不稳定，发电量较小，只有在潮流较强的个别地区比较适用。另外一种形式主要根据海湾、河口等有利地形，建筑水坝，形成水库，并在水坝中留有缺口修建水轮机，利用海水涨潮和落潮的水位差冲击水轮机发电（见图3-5）。不过与一般水力发电不同的是，潮汐发电的水流方向是双向进行的：涨潮时，海水通过大坝缺口进入水库推动水轮机转动发电；而在落潮时正好相反，水库中的海水流回大海，同时发电。采取这种形式具有发电量大的特点，但工程造价高。从时间上来说，由于潮汐固有的周期性变化，潮汐能发电的电力供应是间歇性的，但是有着固定的周期。

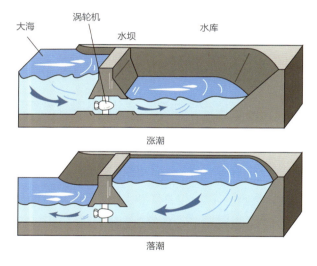

图3-5 潮汐发电工作原理

由于不同国家的海洋资源分布情况不同，潮汐发电在世界各国并未有大规模的开发。世界最大的潮汐电站是韩国始华湖电站，于2011年建成并投入使用。中国的潮汐能资源十分丰富，据统计全国有191处可利用的潮汐能资源，但是实际中国已建成的潮汐能电站不到10座，其中浙江省的江厦潮汐电站是中国最大潮汐能电站。

小贴士

三种形式的潮汐电站

潮汐电站根据布置方式的不同，分为三种形式：

一是在河口位置筑一道水坝和水库，涨潮时海水进入水坝，落潮时泄水发电，这种称为单水库单程式。

二是如果在单水库单程式发电的基础上改进，保证可以双向水流发电，称为单水库双程式。

三是如果建造两个水库，其中一个只在潮位比库内水位高时进水，另一个只在潮位比库内低的时候放水，这样就两个水库之间始终有一定的水位差，两库以水坝隔开并安置水轮机，这种形式称为双水库连程式。这种形式的潮汐电站可以实现全天发电。

二 波浪能发电

除了潮汐，海浪也是典型的海洋运动。海浪的破坏力惊人，猛烈的海浪可以摧毁堤坝、码头，掀翻巨轮，造成无穷无尽的破坏。但是这股能量如果能够被加以利用，所发的电量将不容小觑。据推算，若按照世界各大洋平均浪高1米、周期1秒来计算，则全球波浪能功率为700亿千瓦，其中可开发利用的约为25亿千瓦。

实际上，海浪能在海洋能源中是最易于直接利用的一种。波浪能发电技术就是通过波浪能装置将波浪能转化为机械能的技术。波浪作用在一些机械结构上，比如物体在波浪作用下的升沉和摇摆，波浪爬升到一定高度向下冲击等，可以带动转体机械的运动，同时带动电动机发电。利用波浪获得能量的方式各有不同，现有的波浪能利用技术分为振荡水柱、摆式、筏式等。以振荡水柱为例，这种技术利用空气作为中间的介质，波浪在气室中上下振荡，带动空气的运动，空气的运动驱动空气透平的转动，带动发电机发电（见图3-6）。

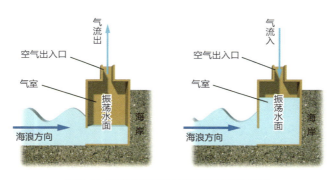

图3-6　振荡水柱式波浪能发电工作原理图

　　实际上，早在1911年，世界上就诞生了第一个海浪发电装置。20世纪70年代，自从英国爱丁堡大学发明了一种利用海浪发电的装置后，日本、美国、加拿大、芬兰等拥有较长海岸线的国家均开始了对于海浪发电的研究，并相继设计和提出了300多种发电装置，多用于航标灯等小型设备。但是海浪发电始终没有得到大规模的开发和利用，究其原因主要是海浪发电成本较高，而且海浪不同于潮汐的周期性，它的形成与风有关，当天气恶劣或出现暴风雨天气时，海浪会变得不稳定，在海浪过大的情况下甚至会对海浪发电装置产生破坏，比如1995年英国的鱼鹰号海浪发电装置，在正式发电之前就被强风暴摧毁。

　　中国的波浪能技术研究始于1979年，最初着眼于100瓦以内航标灯（船）用发电装置，并取得较好的效果。该装置在广东珠海江口、湛江，福建泉州，上海等地被广泛使用，并被出口至日本、英国。之后中国开始向中小规模的波浪能电站发展，1992～1996年间，中国研发出一台5千瓦波浪能发电船，这是中国第一台千瓦级波浪能发电装置。这艘波浪能发电船在海上持续工作了18天，标志着中国的波浪能技术研究取得了初步的成功。2002年，中国研制了可并网发电的100千瓦岸式振荡水柱波浪能电站，该电站建于广东省汕尾市。

　　目前，全世界有近万台海浪能发电装置，并且由小型波浪能发电装置向大中型波浪能发电装置的研制方向发展。当波浪能利用技术成熟之后，其在21世纪的世界能源结构中必将有一席之地。

⊜ 海流能发电

　　除了潮汐和波浪，海洋中还存在着海流这一运动形式。海洋表面有着波浪、潮汐，海洋深处也不平静，海底水道和海峡中存在着较为稳定的海水流动。海流的形成原因主要有两个：一是与海洋表面常年吹过的方向不变的季风有关，二是与不同海域海水的密度有关。

　　海流能发电类似于海底的"风电"，理论上工程师们可以将任何一个风力发电装置改装为海流能发电装置。海流发电一般是在海水流经处设置截流的沉箱，并设置水轮发电机（见图3-7）。类似于风电场，海流发电可以根据发电量的需要设置多个机组，但是各机组之间需要留有适当的空间以防扰乱水流相互影响。海水不同于空气，海水的密度比空气大得多，其中还溶解了多种矿物盐成分，所以海流发电还有许多关键技术亟待解决，比如水轮发电机在海底的维护、电力输送、设备防腐、海底压力下的安全等。风力发电装置一般固定在地面，但是海流发电装置可以固定在海底，也可以安装在浮体底部。

　　1973年，美国试验开发了海流能发电装置，机组体型巨大，安装在水下30米处，获得了8.3万千瓦的功率。日本、加拿大也在积极研究海流发电技术。中国舟山海域海流能资源丰富，不仅能量密度高，而且水道众多、四通八达。中国的浙江大学致力于海流能发电的研究，自2006年舟山岱山海域发电

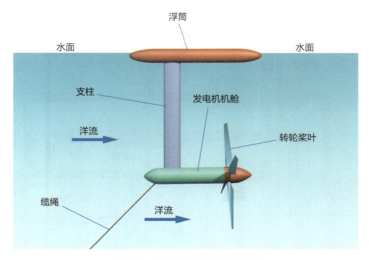

图3-7　海流能发电工作原理图

成功，到2018年300千瓦工业级样机在摘箬山岛海域发电成功，如今中国的海流能发电技术已走在世界前列。

（四）海洋温差发电

海洋占地表面积的四分之三，这就意味着照射到地球的太阳能大部分是被海洋所吸收。在光照的作用下，海洋表面和深层海水之间存在着温差，另外由于太阳能照射的地区差异，不同地区之间海水温度也存在差异，像极地与赤道之间海水温度的差别必然就很大。温差就意味着能量转化的潜力，于是科学家提出了海洋温差发电的想法。

海洋温差能发电的关键是建立高温和低温之间的工质循环，温差的存在使得一些低沸点的工质（丙烷、氟利昂等）在循环中蒸发、膨胀、冷凝，推动汽轮机做功（见图3-8）。海洋温差能开发具有巨大的开发潜力，目前，日本、法国、比利时等海洋国家已经建成了一些海洋能温差电站。中国海洋温差能资源蕴藏量大，尤其是南海和台湾以东地区海域，温差大且稳定，开发利用条件较好。目前海洋温差能发电并未大规模开发，主要原因在于相比传统能源海洋温差能较小，温差仅30℃左右，所以温差能发电技术的发展还有赖于传热传质技术的开发。

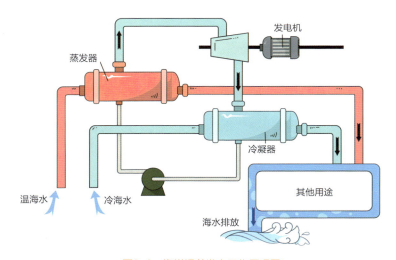

图3-8 海洋温差发电工作原理图

五 盐差能发电

　　海水不同于淡水，尝过海水的人都知道海水有一种特有的苦咸味，海水中溶解了多种矿物盐，这也是尽管海洋是最大的水资源宝库，但是地球淡水资源依旧宝贵的原因。但是，海水含盐现在被视为具有巨大的发电潜力。人们饮用的淡水多来自内陆的江河，在江河流入大海时，河海交接之处的水体存在着盐差能——海水和淡水之间的化学电位差能。科学家们发现盐离子由高浓度扩散至低浓度时，会释放出能量，盐差能发电的设想就此提出。

　　科学家的构想是将电位差能转换为水的势能，再利用水轮机发电。主要使用的是渗透压的方案，将半透膜置于海水和淡水之间，基于半透膜的特性，淡水中的水会向海水转移以稀释海水，使得海水侧的水位升高，最终高水位的海水冲击水轮机发电。据计算，地球上存在26亿千瓦可利用的盐差能，主要集中在世界各江河入海口。目前对于盐差能发电还处于研究阶段，盐差能发电的关键技术是膜技术，只有半透膜的渗透通量能在现有水平上获得提升，盐差能发电才能真正实现商业化。盐差能发电研究以美国、以色列等国为首，中国、瑞典、日本也在进行相应研究。

第三节 ∮ 地热发电：触摸地球体温

　　人类在探究新能源的道路上从不曾停歇，从微小的原子中窥视惊天动地的核能，在山间、农田中挖掘出了无所不在的生物质能，抬头仰望烈日感受温暖的太阳能，而这一次人类低头看向了承载亿万生物的大地，人们发觉了脚下几千千米下地球那颗火热的"心"，察觉到了这股来自大地的力量——地热能。

一　了解地热能

　　地热能，不了解的人的第一印象可能是："地"和"热"这两个词如何联系在了一起？地下怎么会有热？有多热？当宇航员在太空中眺望地球时，看到的地球是一个蓝色、平静的星球，但事实是地球内部并不像它表面那样的平静。实际上，根据科学研究，地球内部是一个高温高压的世界，地球中心的温度甚至可以达到6000℃！这么高的温度预示着巨大的能量，实际上这种能量的可怕人类有所目睹，火山爆发就是这种地下热量对外发散的形式之一，除此之外，温泉、天然喷泉也是地热的作用。

　　人类对于地热的利用古而有之，但是人们在很长时间内只是将其当作温泉洗浴的用途，并没有将其作为能源来使用。世界第一台试验性地热电站建造于1904年的意大利拉德瑞罗，开创了地热发电的历史。随后各国虽然对于地热发电均进行了一定的研究，但一直没有较大的发展。直到20世纪70年代能源紧张状况的出现，地热能发电才再次吸引了世人的目光。地热能发电主要利用地下热水和蒸汽为动力来进行发电。不同于燃煤发电，地热发电并不需要燃料，利用的是天然蒸汽和热水的热量，而且来自地下的热量源源不断，几乎不用担心供应不稳定的问题。热水和蒸汽被用于推动汽轮机转动进而使发电机发电之后，会被送回到地层中，以降低对环境的影响。

地球的构造

地球内部的构造可以想象成一个鸡蛋，最外层的蛋壳人们称之为地壳，由土层和岩石构成，厚度不均，厚处的地壳可达60多千米，而薄处的海底地壳厚度可仅达10千米；中间的鸡蛋白被称为地幔，由熔融的岩浆构成，厚度可达2900千米，温度在1200℃左右；中心的鸡蛋黄被称为地核，分为外核和内核，一般认为地核由铁、镍等重金属组成，温度在2000~5000℃。在如此高的温度下，地表的生物并没有受到巨大的影响，这归功于地球最外层的地壳——一层天然的岩石隔热层。地下怎么会有热？地球内部的热量的来源众说纷纭，主流的解释是认为与放射性元素的衰变过程有关。无论如何，这种热量无疑具有巨大的开发利用潜力。

二 地热能发电的发展

可利用的地热资源主要以两种形式存在：天然蒸汽和热水，工质状态的不同决定了这两种工质的利用方式会有所差异。对天然蒸汽的利用比较简单，相当于地下就是"大锅炉"在提供着蒸汽。地下热水的利用相对比较复杂，一般采用两种方式：一种是扩容闪蒸，利用低气压下水沸点较低的原理，将水瞬间蒸发成蒸汽，水变成蒸汽时体积会瞬间增大，因此采用的容器成为扩容器，变成蒸汽后进入汽轮机（见图3-9）。

另一种方式是热水加热其他沸点低的工质如戊烷等，热水不进入汽轮机内，而被加热成蒸汽的低沸点工质进入有机工质透平做功，这样的方法因为出现了两种物质的循环，称之为双工质循环地热发电。为了提高效率，实现地热蒸汽和地热水的综合利用，也可以将两者联合起来发电（见图3-10）。

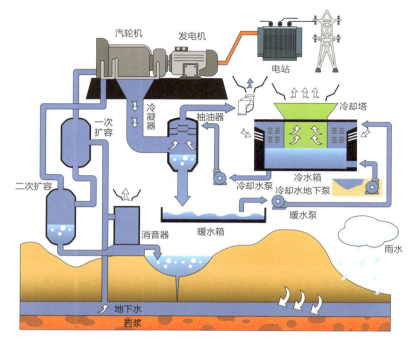

图3-9　地热（水）两级闪蒸发电二作原理图

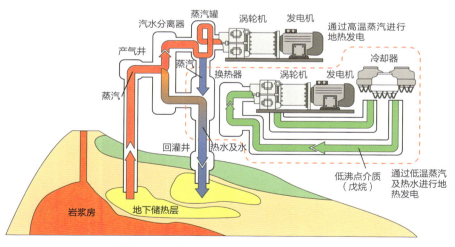

图3-10　地热蒸汽和地热水联合发电工作原理图

由于各地区地热资源分布的不均，各国的地热利用情况不尽相同。如今全世界至少有83个国家已经开始或计划开始地热资源的利用，在地热能资源丰富的地区，如冰岛地热能发电的比重就相对较大。地热能发电对于地下热水和蒸汽是有要求的，一般要温度在150℃以上才能够符合发电的要求。

在中国地热发电主要集中在藏南、滇西、川西及台湾地区。中国地热发电起步较晚，更多集中于西藏地区，其中羊八井地热电站是中国自行设计建造的第一座商业应用的高温地热电站，同时也是中国最大的地热电站（见图3-11）。除了发电，地热也在城市供暖，工业、农业种植等各方面发挥着自己的作用。

图3-11 羊八井地热电站

地热能的鬼斧神工

间歇泉多出现于火山地区，地层中的水被加热后，沿着地层的缝隙向上喷出，呈间歇性喷发。当间歇泉喷发的时候，热水在喷口汇聚、翻滚，水面下传来隆隆声响，很快一股水柱夹带着热蒸汽喷涌而出，最高可达70米高，掀起一阵热雨挥洒在空中，场面十分壮观（见图3-12）。接着热水又在喷口汇聚，开始新一轮的喷发。

图3-12　冰岛的间歇泉喷发

间歇泉不是地球独有的景象，宇宙中只要星球的地质条件具备，都会有这种间歇泉的出现，而且如果该星球上没有重力的束缚，喷泉会直射入太空，瞬间化为固态，是真真正正的宇宙奇观。这也给了人类一些启发，地热在宇宙中也是一股巨大的能量，是不是在别的星球上也可以建造地热电站呢？这个问题留给未来的科学家们进行思考吧。

三 地热开发是把双刃剑

地热能的开发，是造福百姓的工程，但是改造大自然总是不可避免地出现破坏大自然的一面。在现有的地热能开发过程中已经出现了一些弊端和危害。开发地热能的关键步骤就是钻井开采地热田，把地下深处的热水和蒸汽带到地表之上。人们如果将热水袋中的热水抽空，热水袋将会瘪下去，同样开采地下热水时如果不及时将水回灌，后果就是地表下陷，压力变动较大时会造成水热爆炸事故，严重时甚至会导致地层空旷引起地震。世界上几个规模较大的地热田如新西兰怀拉基地热田、中国西藏羊八井地热田、冰岛加奈斯地热田等，在经过一段时间的运行后，都发现了地热田的开发效应——开采的热水和蒸汽温度和压力在持续下降，在更长的时间尺度下，势必会对整个地区的地层稳定、生态环境造成影响。工程师们已经提出，对地热的开采应当采取周期性的形式，在一段时间的开采后，应当让热田休养生息一段时间，当恢复到原来的水平时再继续开发，一个周期可能长达50年及以上。

地热能发电作为新型环保的形式，值得人类去开发探究，但是人类同时要认识到无论何种形式的开发，对于大自然的改造终归存在弊端。对于地热能发电，更宏观地说整个地热开发行业都应该认识到，开发自然和补偿自然是天平的两端，当两端都不放东西的时候，天平能稳稳地保持平衡，但是一旦放上了这个名为"开发"的秤砣，平衡就会被破坏，人类必须在另一端放上"补偿"才能让天平恢复到平衡稳定的状态。

第四节 ✦ 燃料电池发电：构建迷你电厂

　　燃料？电池？这两个名词放在一起显得很是奇怪。说到电池，人们的第一印象一般都是闹钟中使用的干电池，手机、笔记本电脑里安装的锂电池，装上电池之后钟表指针就能一圈圈的转动，手机就能打电话、发微信，在电池电量耗尽时，要么更换电池，要么充电。说到燃料，在发电的领域燃料不就是用来燃烧的吗？不要被"燃料电池"这个名字所迷惑，这种装置在工作时压根一点火星都没有，只要提供所谓的"燃料"，就能不断地发电，与其说是电池，更像是构建了一个迷你电厂。

　　人们对于发电的思维定式就是燃料燃烧，带动蒸汽推动汽轮机转动发电，而燃料电池的出现打破了人类的思维枷锁。燃料电池实现了由化学能直接转化为电能，普通火力发电的化学能转化为热能、再转换为电能的效率约为30%，燃料电池理论上直接转化效率可以达到80%！作为21世纪全新的高效、节能、环保的发电方式之一，科学家们对燃料电池正在积极地进行研究。

🟠 一　燃料电池的发展历史

　　既然燃料电池是一种发电装置而非储能装置，为什么会被称为电池呢？这就要回顾燃料电池的发展历史了。燃料电池的起源来自最基本的化学知识——电解水产生氢气和氧气。1939年，被称为"燃料电池之父"的英国法官兼科学家威廉·格罗夫提出了一个大胆的推想：既然水分解需要电，那么氢和氧反应是否能产生电呢？通过实验研究后格罗夫发现，一定电解质环境下，氢气和氧气之间会产生1伏左右的小电压，格罗夫将多个这种产生小电压的装置串联，最终得到了所谓的"气体电池"。由于电压小，产生的也是直流电压，于是电池的称呼就这样被留了下来。

　　真正意义上的燃料电池是19世纪末英国化学家路德维格·蒙德及其助手朗格提出的。他们尝试用空气和工业煤气制造第一个实用的燃料电池装置，在当时引起了人们的极大好奇，然而人们很快就发现要将燃料电池像燃煤、燃油发电那样普及，还有许多问题亟待解决，许多企业顿时失去了继续研究的兴趣。加之19世纪末石油等矿物开采技术的成熟，燃煤、燃油发电已经足以满足人类的生产和生活需求，何必研究燃料电池呢？于是，燃料电池发电被"打入冷宫"。然而，作为一项新技术，总是有高瞻远瞩的人默默地进行研究。20世纪50年代末，英国剑桥大学的培根教授利用高压氢、氧气体演示了5千瓦功率的燃料电池，并且对燃料电池的设计进行了修改，将电解质溶液由酸性的硫酸改为碱性的氢氧化钾，保护电极不受腐蚀，电极的材料也由廉价的镍来代替铂，后来这种装置就被称为培根电池，这也是第一个碱性燃料电池。

　　燃料电池真正大展身手是在20世纪中期。1968年，美国阿波罗号成功完成了人类登月的壮举，阿波罗号作为太空飞船，使用一般的能源装置显然不可行，于是科学家想到了燃料电池。从此以后，燃料电池技术被广泛用于航天事业。几乎同时，美国、日本等国家开始了民用燃料电池的研究。随着世界能源危机问题的日趋严重，世界各国开始重视燃料电池的研究和开发，美国、加拿大、日本、欧洲各国、中国均制定了一系列发展计划。中国科学院大连化学物理研究所于1969年开始石棉膜型氢氧燃料电池的研制，天津电源研究所也进行过航天用氢氧燃料电池的研究。进入21世纪以来，随着石油、煤炭等传统资源的日趋枯竭，各国纷纷加紧了燃料电池商业化的进程。

二　燃料电池发电原理

　　燃料电池到底是怎么工作的呢？燃料电池发电原理与干电池类似，都是化学反应时两个电极之间会有电子单向流动，形成直流电。不同之处在于，人们看到的普通电池就是密封的装置，里面的化学物质有限，所以寿命有限；燃料电池在发电的过程中不断地加入燃料并且排出生成物，这样便可以连续发电（见图3-13）。燃料电池实现的发电过程实际上就是电解水实验的逆反应，所采用的燃料是氢气、天然气（整化为氢气）、甲醇，在一定电解质和电极条件下与氧气或者空气发生反应，产生直流电压。

　　燃料电池的基本构成单位称之为单电池，单电池是由电极、电解质、分离器和外部回路组成。电极分为燃料极和空气极。燃料极提供氢气，氢气分解为氢离子和电子，一方面氢离子以电解质为通道到达空气极，另一方面电子通过外部回路，产生电流，达到空气极，最终在空气极发生合成水的反应。这样的

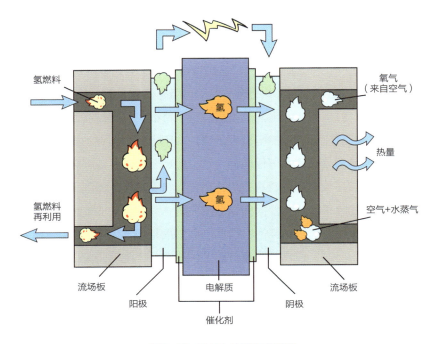

图3-13　燃料电池工作原理图

单电池产生的电压是很小的，需要多个这样的电池串联起来才能形成高电压。分离器作为电池边界，不仅起到隔绝燃料和空气的作用，同时也承担着串联单电池的作用。不同的燃料电池，根据电极、电解质类型、燃料的不同，有着不同的特点。

氢能的曲折发展

小贴士

　　"氢气是最好的燃料，同时也是最不好的燃料"，这句话出自美国能源部的Romm博士之口。氢气作为一种燃料，产生热量高，燃烧产物只有水，对环境几乎没有影响。地球的氢资源丰富，实际上氢也是地球上含量最丰富的元素之一。然而为什么氢气燃料始终没有得到大力发展呢？虽然氢元素含量丰富，但大多数都被封闭在水和天然气等分子当中，想要制取纯氢并不是一件简单的事情。同时氢气极易点燃、爆炸，20世纪初曾有一段时间盛行氢气飞艇作为交通工具，然而1937年世界最大飞艇德国兴登堡号在降落时氢气点燃爆炸，仅30秒时间整个飞艇化为灰烬，自此之后整个飞艇时代便结束了，氢气也被冷落了将近50年时间。

随着科技的进步，自20世纪70年代开始，氢能又开始回到了大众的视野中，现如今伴随着生物质制氢技术的成熟、储氢技术的发展和燃料电池技术的研究，氢气能源有望引起一场21世纪能源与环保的绿色革命。

三　多种多样的燃料电池

现在比较公认的说法是将燃料电池分为6种：碱性燃料电池、磷酸燃料电池、质子交换膜燃料电池、直接甲醇燃料电池、固体氧化物燃料电池、熔融碳酸盐燃料电池。

碱性燃料电池是最早发展的燃料电池类型，电解质主要采用氢氧化钾和氢氧化钠水溶液，主要运用于航天用途，但成本过高，不适宜大规模开发研制。

磷酸燃料电池使用磷酸为电解质，目前已经初步商业化运用，但工作温度较低，效率不高，且使用铂作为催化剂，燃料中的一氧化碳可能引起催化剂失效，所以这种燃料电池对于燃料的成分要求很高。

质子交换膜燃料电池的电解质主要采用质子能在其中移动的固体聚合物，由于使用了固体电解质，大大简化了这种电池的结构。

直接甲醇燃料电池是目前世界上研究和开发的热点之一。其他燃料电池一般将其他的有机物转化为氢作为燃料，但是直接甲醇电池采用甲醇和空气直接反应，无需将甲醇重整为氢。其采用的电解质是质子交换膜，所以实际上它也是质子交换膜电池的一种。

以上四种燃料电池被统称为低温型燃料电池，因为其工作温度不高，一般在300℃以下。

固体氧化物型燃料电池和熔融盐燃料电池则属于高温型燃料电池，工作温度在600℃以上。固体氧化物燃料电池也被称为陶瓷型燃料电池,这种燃料电池的电解质和电极材料均使用陶瓷,耐热性较好。

熔融盐燃料电池以碳酸盐为电解质。多年来,熔融盐燃料电池一直是各国燃料电池研究的重点,美国已实现了250千瓦熔融盐燃料电池连续11000小时以上的运行,而日本已经成功进行了1000千瓦的熔融盐燃料电池的运转试验,并实现了10千瓦的熔融盐燃料电池10000小时的运行。因此,目前该种燃料电池的水平已经十分接近实用化水平了,美国、日本针对这种熔融盐型燃料电池已经制订了新的计划。中国也开展了对熔融型燃料电池的研究,中国科学院大连化学物理研究所和上海交通大学均已成功地进行了发电试验。现在,燃料电池作为一种小范围的分布式能源,已经得到各方面的运用,如氢燃料电池汽车(见图3-14)等。

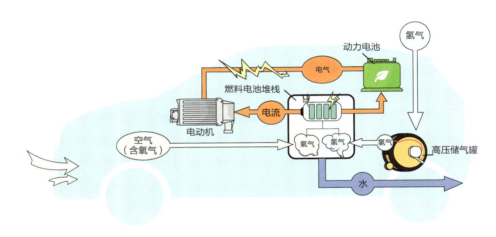

图3-14　氢燃料电池汽车工作原理图

目前,很多科学家提出的观点是:燃料电池是替代传统能源的最佳选择,并且科学家们预测其为继火力发电、水力发电、核能发电之后的第四代发电技术,将引起21世纪新能源与环保的绿色革命。燃料电池没有燃烧,发电效率极高,污染极少,几乎不排出氮、硫氧化污染物,原料来源广泛,发电装置灵活,可以作为分散电源和移动电源使用,确实是一种人们梦寐以求的全能发电技术。当前对于燃料电池的研究仍在大规模开展,美国和欧洲国家的燃料电池研究已经进入了工业规模化的阶段。

第五节 ∲ 多能互补发电：协同并肩作战

在中国，近年来以水力发电、风力发电、光伏发电为主的可再生能源的发展取得了长足的进步，装机容量大大提升，但是如何使各种能源种类间形成良性互动，取长补短，弥补单一能源供应方式的不足成为亟待解决的问题。为此，多能互补发电应运而生。

⼀ 矛盾的产生

可再生能源发电，尤其是风力发电和太阳能发电，这两种发电形式受天气、环境影响较大，在无风或者无光照时，发电装置便不能正常工作，即发电具有间歇性、随机性和波动性。现在大规模的集中开发可再生能源发电，主要目的是代替一部分常规的火力发电、水力发电机组输出功率，而风力发电、光伏发电的不稳定性会对整个电网的正常运行产生不利影响。电网为了系统的安全稳定运行，一般对于可再生能源发电的接入有所限制，从而制约着可再生能源的输出功率规模。

造成风力发电等可再生能源发展受限的原因还有一个，就是中国经济进入"新常态"时期后，能源需求放缓，而燃煤发电装机容量过剩，使水力发电、风力发电，光伏发电的消纳问题更加严重，这无疑是对资源的极大浪费，同时使得能源结构的发展产生不平衡，产生了所谓的"三弃"，即"弃风、弃水、弃光"问题。

针对每一种能源来说，中国的能源发展其实具有其合理性。作为煤炭大国，燃煤发电必然是中国的能源主力；水力发电作为可再生能源，为中国一段时间的能源供应提供保障；风力发电、太阳能发电同样是可再生能源，具有重大的发展意义；核能发电虽然不是可再生能源，但是作为非化石能源，一段时间内也能缓解火力发电的压力。多种能源的发展战略是合理的，但是事实上却出现了整体能源效率低的问题，这其中是哪出现了问题呢？研究结论是：各能源之间的"协调"出现了问题，各能源品种各自发展，最后导致了能源系统发展不协调问题的出现。

二 多能互补发电的提出

为了解决"协调"的问题，多能互补的概念应运而生，实际上国外已经存在较为成熟的多能互补模式，如瑞典、丹麦的太阳能——生物质联合供热供电、德国的虚拟电厂耦合多种能源发电及多能供应等。2016年6月，中国《能源发展"十三五"规划》也提出，要实施风光水火储多能互补工程。

多能互补本质上是一种能源综合利用系统，可以想象成一个黑盒子，输入的是天然气、柴油、生物质、太阳能、风能、燃料电池、水能等，黑盒子的内部整合，以最大利用效率的形式输出电、热、冷、气等产品。而传统的模式一般就是一种产品只对应一个"黑盒子"，不同的能源产品由不同部门进行管理和运行，各自为营，在能源的规划和分配上往往没有任何沟通交流，使得能源利用率一直停滞不前。

以人们最关注的可再生能源发电消纳困难问题为例，当多种发电形式协调合作工作，不同发电形式之间相互配合，使得各种能源都能有所发挥。比如风力发电和光伏发电因为其功率易波动、不稳定为人所诟病，但是水力发电因其快速调节能力可以缓解风力发电和光伏发电的不稳定性，取长补短，相互协同，这样便可以有效提高可再生能源的使用比重，化解弃风、弃光、弃水的问题。实际上目前中国已经建成多个水光风多能互补基地（见图3-15）。

图3-15　波浪能-太阳能多能互补海水淡化平台

三 多能互补发电的形式

风光互补是一套发电使用系统，属于"互补"形式中的时间互补。该系统风力发电机组和太阳能电池板发电，然后将发出的电存到蓄电池中，逆变器在用户需要用电的时候将直流电转换为交流电，并通过输电线送至用户。在有风的时候采用风力发电机发电；在有阳光的时候使用太阳能电池板发电；在风和阳光同时存在的时候两者同时发电，以达到全天候的发电功能，其比单风力发电或者单太阳能发电更经济、更科学（见图3-16）。

图3-16　国家能源集团国电新能源技术研究院风光储能建筑一体化项目

水光互补就是把水电站和光伏电站组合成一个电源，也属于时间互补。以龙羊峡水光互补电站为例，利用水光互补发电，经过水力发电进行调节，然后将电能送入电网。通过水力发电和光伏发电的协调运行，既解决了光伏发电稳定性差所带来的问题，同时又提高了能源利用效率。

太阳能-化石燃料互补是热互补形式的其中一种，通过传统电站的热功转换部件，实现太阳能和化石能源的互补发电。由于中国"富煤、贫油、少气"的资源现状，发展光煤互补比较符合中国国情。当阴天的时候，系统主要通过燃煤发电；当阳光充足的时候，利用聚光器产生中低温蒸汽，用来代替部分抽气，从而减少汽轮机回热抽气量，增加汽轮机输出功，实现热能互补。

太阳能与生物质能互补属于热化学互补的一种，其主要原理是太阳能集热器为生物质的气化过程提供热量，从而实现互补利用。通常情况下，需要太阳能集热器提供800~1200℃的高温热来驱动生物质的气化过程，产生的合成气经过甲醇等化工原料的生产之后，未反应气再被用于发电，从而实现化工-发电多联产，但因技术上还有许多待解决的问题，目前仍处于研究和试验阶段。

多能互补系统组成形式多样，存在多种不同品质能源介质的生产与转换，并且作为一项全局把握、区域细分的系统性工作，对多能互补系统的设计和维护存在很多的问题和挑战，比如现有的新能源体量过大问题，特别是"三北"地区的风力发电、光伏发电和西南地区的水力发电，当地发电需求不大，对于多能互补的推进会造成困难；此外还有电价统一的问题，风光水电储多能互补系统缺乏平台验证等问题。在大数据时代，能源互联网、互联网+、微电网、智能能源系统等新概念层出不穷，多能互补将以各种不同的新形式和新方法存在，对于多能互补的探究仍在持续进行。

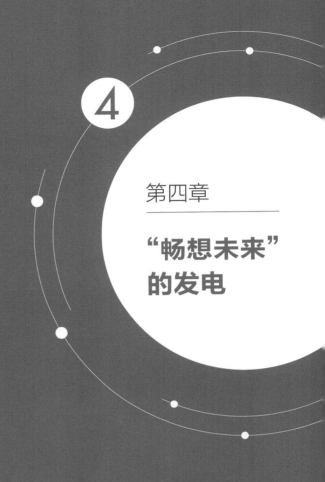

第四章

"畅想未来"
的发电

　　由于不可再生能源的日益枯竭，能源危机已成为全人类共同面对的重大难题。所以需要探索"未来发电"，寻找清洁、可持续供给的替代能源来满足人类不断增长的能源需求。虽然以现在的技术很难实现"未来发电"的构想，但在不懈的努力下，终将会实现"未来发电"造福于人类，从根本上解决能源危机。

第一节 ⫶ 空间光伏发电：太空能源计划

受能源危机和环境恶化的影响，很多国家已开始积极寻找清洁可替代能源。地球的空间有限，但宇宙空间无限广袤，人类能否在太空中寻找一种清洁替代能源呢？答案是肯定的。毋庸置疑，太阳能是环境友好、取之不尽、安全稳定的可再生能源，为了最大限度地利用太阳能，科学家提出建立"空间光伏电站"的构想（见图4-1）。这类电站一旦建成，能够给人类提供源源不断的清洁能源。

图4-1　空间太阳能电站发电原理图

 24小时工作的空间光伏电站

早在1968年，美国科学家彼得·格拉赛就提出了在太空建立"空间太阳能电站"的想法。他认为可以把巨大的光伏板放在地球轨道上，让光伏板时刻对准太阳，这样能够最大限度地利用太阳能，将取之不尽、用之不竭的太阳能转化为供人类使用的电能，并用微波传输技术把数百万千瓦级的电能传到地球。

有人会提出疑问：为什么要将太阳能电站建到离地球3.6万千米甚至更远的外层空间呢？这是因为在外太空建立光伏电站，可以精准控制光伏电站在太空中的运行轨迹和光伏板的朝向，使太阳一天内最大时间直射光伏板，从而最大效率地利用太阳能进行发电，有效解决地球上阴雨天和夜晚光伏板不能发电的难题。此外，外太空没有大气层和云层的阻挡，地球同步轨道的太阳能强度约为地球表面强度的两倍。经理论计算得出：地球同步轨道的太阳能电站发电量约为地球同等规模电站的8～10倍。太空无限广袤，电站的大小、规模不受任何限制，这有利于对电站进行扩建。

对于空间光伏电站的建造，人们现有如下设想：首先，在地球上生产固定光伏板的铝制框架；然后，通过运输火箭等航天工具，把光伏板、铝制框架等零件运输到太空指定位置；最后，由人工或机器人进行组装，并把光伏板固定到铝制框架上。

据有关专家计算，根据现有航天技术，将光伏板与支架等零件运送到指定的太空中，所需费用约占空间太阳能电站建设总费用的6成以上，所以减少运输次数和每次运输的费用，能够有效减少建立空间光伏电站的总费用。

由于3D打印技术的发展，也有科学家提出先把原材料送到太空，然后使用3D打印技术打印出电站的相关组件，这样能够有效减少运输次数，从而大大降低建设成本。受3D技术的启发，科学家们提出在月球上开采建设太阳能电站所需的铝和硅等原材料，可以极大减少由地球运送材料到太空的费用。

二　太空能源计划

（一）日本"SPS2000"计划

　　为了应对资源匮乏问题，日本于1987年开始就着手进行空间光伏发电的研究，1990年"SPS2000"空间太阳能系统实用化研究小组成立，该小组设立的最初设想是在10年内于地球轨道上建立1万千瓦的太阳能发电卫星。由于多种原因，该计划没能实现，但研制工作并没有停止过。据英国《每日邮报》报道，日本计划建造一个空间太阳能光伏电站，预计在2040年可以实现每年为整个东京提供100万千瓦的电能，其发电量堪比一座核电站的年发电量。

　　日本宇宙航空研究开发机构退休教授司理佐佐木在一次采访中对建立的空间太阳能电站进行详细叙述。他称日本计划于东京湾海港建造一座人造岛屿。岛屿长约3千米，岛上安置50亿个天线，以接收微波能量转化为电能。为了更高效率地接收从太空发来的微波，该岛屿将建造两个巨大的镜面接收装置，24小时对准太空太阳能电站，接收来自电站的能量，人造岛屿上还会建造专用的变电所，电能的运输将通过海底电缆的方式进行，有效地将产生的电送至东京，保证满足东京市区的供电需求。

（二）美国"光伏聚焦"计划

　　据英国《每日邮报》报道，美国海军专家设计了一种全新的空间太阳能收集装置，拟通过空间太阳能电站，将太阳能聚焦成能量束，再把能量束传至地球。该装置太阳能利用率高，理论上可为供电需求高的军事设施，甚至整座城市提供电能。美国宇航局的专家设想了一个大型空间太阳能电站，该电站的光伏板阵列长约6千米，宽约3千米，地球上接收能量装置的面积近似等于该面积。如果该空间太阳能光伏电站建成的话，可产生500万千瓦电量，是胡佛水坝的两倍。

（三）月球"光伏电站"计划

　　有专家提出可以在月球表面建立电站。据专家测算，由于月球上没有大气层对太阳光的反射、散射等影响，每年到达月球的太阳辐射能量达到12万亿千瓦，相当于目前地球上每年消耗的各种能源总和的2.5万倍。月球上建立空

间太阳能电站还有一个优势在于月球表面不像地球上存在着人类赖以生存的建筑，在较为荒凉的月球表面，铺设太阳能电池板受到的限制较小（见图4-2）。假设普通的光电板（光电转换率为20%）安装在月球上，则每平方米每小时可产生2.7千瓦时的电力。

图4-2　月球"光伏电站"示意图

据英国《每日电讯报》报道，日本清水公司着手准备月球铺设光伏板的计划，预计沿月球的赤道铺设约400千米的太阳能光伏板。此外，为了减少运输成本，充分利用月球上的资源，该公司将对能够在月球上作业的自动化设备进行研究，预计该项目最迟于2035年开始实施。日本清水公司计算，如果在月球周围建造一座太阳能光伏发电厂，将能够向地球输送1.3万亿瓦的电力，是2011年美国年发电量的三倍。

三　空间光伏电站"拦路虎"

空间光伏电站有单位时间发电量高、面积不受限制等优点，但要想建成该电站，需要克服以下四个难题。

（一）如何把庞大的空间电站运送到太空中

据专家估计，建设500万千瓦电力的空间光伏电站，其总重达4000多吨。如果把这么庞大的电站运送到指定轨道的太空中，需要"化整为零"的办法分批运送。此外，据科学家计算定点运送的火箭和航天飞机，需要消耗2亿～4亿吨燃料，这些燃料燃烧产生的废物，必将对大气产生严重污染，所以解决污染问题也很有必要。

（二）如何把电站产生的电能运送到地球

空间光伏电站电能传回地球的主流方式是微波传输。1993年美国、日本合作成功进行了母子火箭间微波传输实验，该实验验证了微波输电的可能性。当空间电站产生电能后，首先使用微波转换器把工频交流电转化为微波，然后使用微波发射天线传输到地球微波接收站，最后微波接收站通过转换器把微波转换为工频交流电，输入到电网供用户使用。微波是一种电磁辐射，可以通过地球的大气层传输。日本宇宙航空研究开发机构（JAXA）发言人称，2040年或更久之后，在距离地球3.6万千米的太空中将设置相关卫星，卫星用于微波传输太阳能。

在微波接收方面，俄罗斯采用"回旋加速式微波转换器"代替传统的接收天线，能将微波直接转换成直流电，该装置的实验室效率达74%以上。

（三）如何保证人身安全和不污染环境

微波看不见摸不着，但蕴含着强大的能量而且无处不在，这就引起了一些人的担心，如何保证微波技术的应用不对人体的健康产生危害？微波技术如此强大，失控的话岂不是会对人类的健康造成很大影响？对于这个问题，科学家和工程师认为，通过地表控制微波发射系统，使其精确地对准地表接收装置，严格控制微波泄漏量在国际安全标准之内，这种情况下是不会对人体健康和生态平衡产生影响的。即使万一微波能量出现失控的情况，科学家们还会设计保险装置，可以使微波在太空自行消散。

令人期待的"无线传输技术"

目前，很多国家已有微波传输电能的技术。在2015年，日本宇宙航空研究开发机构（JAXA）对微波传输电能进行实验，将产生足够用来启动电水壶的1.8千瓦电力以无线方式，精准地传输到55米距离外的一个接收装置。日本三菱重工的科研人员将10千瓦电力转换成微波后输送，其中的部分电能成功点亮了500米外接收装置上的LED灯。

（四）如何减少空间光伏电站建设成本

有日本学者通过理论计算得出：建设100万千瓦级的日本版太空太阳能发电站总建设费约为2.4万亿日元，假设电站的寿命约为30年，发电单价的平均值约23日元/千瓦时，计算出的发电电价约为核能发电、火力发电的2倍。所以，就目前的技术来看，需要花费大量的资金，但是随着空间技术的发展，空间电站的建设成本会随着工业生产水平的提高和工艺流程的改进而不断降低。

（四）中国有望率先建成空间光伏电站

通过以上介绍，可以清晰预见在太空建立光伏电站具有广阔的发展前景。2008年，空间太阳能电站研发工作被纳入中国先期研究规划中，近几年取得了丰硕的研究成果，先后提出了平台非聚光型、二次对称聚光型、多旋转关节，以及球型能量收集阵列等方案，在无线传输技术的研究领域也有所突破。

2018年，在重庆启动中国首个空间太阳能电站研究基地的建设，这表明中国研究的相关理论技术已成熟，现已到达试验阶段，中国计划在2021年开始4年内着眼于中小规模平流层太阳能电站的建设并投入发电；2025年后进行大型空间太阳能电站系统相关设计、建设、投用工作。为了对空间太阳能电站的效率和功能进行有效验证，西安将建设空间太阳能电站系统项目地面验证平台。目标2030年后试验空间太阳能电站达兆瓦级，2050年后达吉瓦级并投入商业运行。

　　中国空间太阳能电站的技术已达到世界前列，是世界空间太阳能电站建设研究的重要力量。国际评价中国空间光伏电站的研究成果："15年前，他们在这个领域完全不存在。现在他们正处于强有力的领导地位"。

　　空间太阳能光伏电站覆盖范围广，所以可以给地球的偏远地区进行供电。如果空间光伏电站成功进行商业化，可以随时随地为电动汽车等用电设备充电，甚至为飞机充电，减少化石燃料的使用，从而有效改善环境。发展空间光伏电站，也为"月球能源计划"奠定了良好基础。

第二节 ⋅ 地磁发电：地球磁能馈赠

人类周围存在着各式各样的能源。这些能源具有环境友好、没有限制、安全稳定的优点，"地磁"就是该类能源中的一种（见图4-3）。1600年，英国人吉尔伯特提出：地球本身就是一个巨大的"磁体"。人类是否想过用地球这个"磁体"产生的磁场来发电呢？已经有科学家验证了"地磁发电"能够产生可观电能。但是由于地球磁场强度较弱，地磁发电的电量有限，所以科学家就提出把地磁发电装置装在宇宙飞船上，当宇宙飞船飞到能够产生巨大磁场力的星球附近时，就可以产生足够供应宇宙飞船使用的电力。所以，地磁发电的研究仍然具有价值。

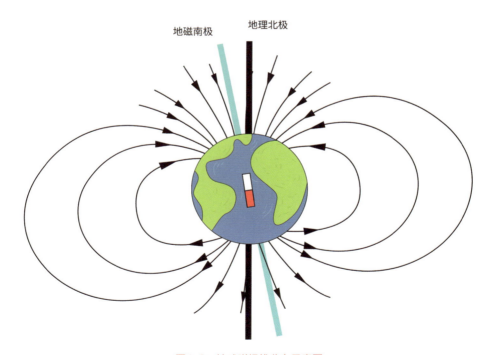

图4-3　地球磁场线分布示意图

一　地磁的由来

地磁场的由来至今还没有定论，相关假说有"发电机理论""地球自转学说"等。下面将根据"地球自转学说"来解释地球磁场的由来。

地球由地核、地幔、地壳组成（见图4-4）。地球的内部温度很高，物质在高温下易发生热电离，产生带电粒子。电场力迫使带负电的电子向地心运动，但正负电荷总量相等。当带电粒子随着地球自转时，会切割地球自身磁场的磁力线产生发电机现象。处在地球外圈的带正电粒子速度要大于处于地球内圈的带负电粒子，所以带正电粒子产生的电流要大于带负电粒子产生的电流。由于电流能够产生磁场，且产生磁场的大小和电流的大小呈正比，所以带正电粒子产生的磁场强度大于带负电粒子产生的磁场。两个磁场的方向相反，等量部分可以相互抵消，抵消后的磁场就会形成地球的磁场。

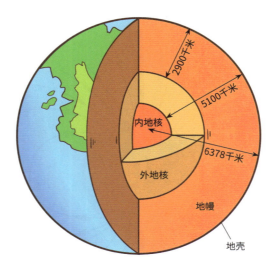

图4-4　地球的内部结构示意图

二　地磁发电原理

台湾海洋大学的周祥顺和苏文伸教授做了一个有趣的小型地磁发电装置。

把一个只有3个边的矩形铁环用导线连在微伏特计上，并来回转动铁环，这时微伏特计上会显示电压。该装置产生电压的原理是：铁环来回转动时，穿过铁环的磁通量会发生变化，致使铁环上感应出电动势。

地磁发电的原理是"电磁感应现象"，闭合电路中的一部分导体，在切割磁感线运动时，导体中的电子就会受到洛伦兹力（洛伦兹力为非静电力）的影响，发生定向移动，从而该导体的两端会产生电势差。该电势差作用于外接闭合电路，会产生电流，此电流被称为"感应电流"。这种由磁产生电的现象称为电磁感应现象，最早由法拉第发现。

三 地磁发电的应用

据报道，1992年7月以美国"阿特兰蒂斯"号航天飞机为载体，科学家进行了一项卫星悬绳发电实验，取得了明显的效果。航天飞机在地球赤道上空3000千米高度由东向西飞行，从航天飞机上向地心方向发射一颗卫星，后携带一根长20千米、电阻为800欧姆的金属悬绳，结果产生非常大的电流。

经过以上实验的启发，科学家提出以下两种利用地磁发电的想法：第一种是在两颗轨道高度不同的卫星之间牵着电缆，当卫星和地球发生相对移动的时候，电缆会切割地磁感线，从而产生电势差进行发电。第二种是在太空放置线圈，当地球和线圈发生相对移动时，穿过线圈的磁通量发生改变，从而在线圈上生成感应电动势，再利用微波技术把电能传回地球。

此外，经科学家对宇宙其他星体的探索，发现有的星球具有极强的磁场，人类可以将地磁发电的理论应用到强磁场星球上进行发电，或者当宇宙飞船飞过该星球时，在宇宙飞船上挂一个地磁发电装置，从而产生供宇宙飞船使用的电力。

由于地球磁场强度较小、发电成本较大、相关技术还不成熟等因素，地磁发电尚处于试验阶段。此外，发电体切割地磁运动时，会受到地磁场的阻碍作用，易使发电设备受到损坏的难题也需要解决。但是随着航天事业的发展和科技的进步，地磁发电终将会造福人类。

地球红外辐射能发电

　　地球是一位伟大的"母亲"，不但给人们馈赠"磁能"，也给人们带来红外辐射能（见图4-5）。2014年美国的《国家科学院学报》中，哈佛大学研究人员通过研究得出结论：地球以红外辐射形式向宇宙中释放的能量高达10亿万千瓦，这么巨大的能量却被一直被人类所忽略。经过科学家的研究发现：人们可以用地球释放的红外辐射能进行发电。

图4-5　地球辐射示意图

　　目前科学家们有两种辐射能收集器的设计想法。第一种想法其原理类似光电池，关键组件是整流天线，利用吸收外界热量后不同电子组件之间存在温差的方式来产生电流，但目前的整流天线技术只能产生"可忽略的电力"，发电效率有待进一步提高。第二种想法的关键组件是构建能够高效辐射热量的冷却板，用以吸收地面环境空气中的热量，再将这些热量辐射至大气中，利用热量的流动来做功发电。相较于现在的技术，第二种的发电技术更加成熟。

第三节 ╂ 氦-3核聚变发电：月球能源基地

21世纪，中国的航天事业得到了快速的发展，"嫦娥四号"探测器成功着陆月球背面（见图4-6）。经过科学家不断地探测，发现月球上能源资源非常丰富，其中存储稀有气体氦-3的含量大概为100万吨，比地球上所有矿物燃料的储存量还多10倍（见图4-7）。如果把月球上氦-3用作可控核聚变的燃

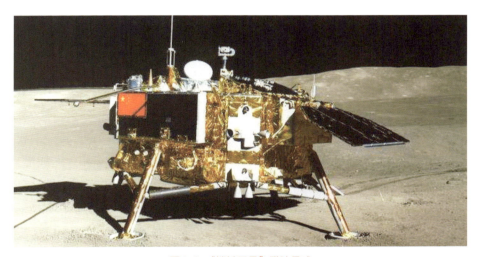

图4-6 "嫦娥四号"登陆月球

图4-7 月球氦-3能源

料，可以满足人类的需求可达近万年。但是在人们的印象中，核能虽然具有巨大能量，但核泄漏会严重污染环境，对人造成无法挽回的伤害。值得一提的是，氦-3核聚变基本不会产生具有高辐射性的中子，即不会出现核辐射问题，也不会产生核废料，所以到月球上开采氦-3，发展核聚变是解决人类能源危机的途径之一。

● 氦-3核聚变简介

目前，已建成的核电厂多采用核裂变技术进行发电，其核燃料是铀-235。若想要一劳永逸地从根本上解决人类的能源问题，还是需要寄希望于可控核聚变的实现。

正如前面的核能发电部分所说，核裂变通过原子核分裂然后释放出能量来实现发电，而核聚变则是通过多个相对较轻的原子核聚合在一起变成较重的原子核从而释放出能量进行发电。其中，最简单的核聚变是氘（重氢）和氚（超重氢）两种氢的同位素来聚合产生氦核并释放一个中子和大量能量。传统核聚变反应出现的棘手问题是：核聚变产生的中子会和反应堆的壁材料进行核反应，当反应壁需要替换时，就会产生具有放射性的核废料。

氦-3核聚变和传统核聚变不同，因为使用氦-3的热核反应堆中不会产生具有放射性的中子（见图4-8），故使用氦-3作为能源时不会产生辐射。微软公司前董事长比尔·盖茨一直钟情于核能，他说："核能的美妙之处在于，一个分子的能量是其他能源的百万倍，克服了辐射就将成为无与伦比的能源。"所以，氦-3核聚变由于不会产生放射性中子的优点，具有很大的竞争优势。但是，因为地球上的氦-3储量稀少，为15～20吨，所以去月球上开采氦-3能源引起了人们的关注。

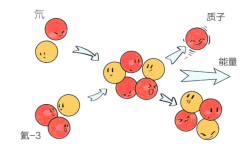

图4-8　氦-3核聚变反应示意图

二 氦-3核聚变面临的挑战

氦-3核聚变具有在月球上储量充足、反应基本无放射性中子生成等优点。但是氦-3是现在核聚变的理想燃料吗？至少目前还不是，要想实现氦-3核聚变的商业化，核聚变技术还有待进步。

实现受控核聚变的难度要远大于受控核裂变。因为原子核均带正电，相互排斥，如果要想让两个原子核进行反应，必须加温使其具有足够的动能，也就是将平均运动速度提升至几千米每秒，而要实现这个速度，几千万摄氏度甚至上亿摄氏度的高温环境必不可少。当原子核具有足够的动能时，才能突破原子核的斥力达到反应距离，且原子核带的电量越多的话，原子核所受到的库伦斥力就会越大，核聚变也就越难实现。另外，当原子核所带的电量相同时，原子核的质量越大，反应截面就会越大。根据理论计算，氘—氘核聚变反应的截面比氘—氦-3的核聚变反应的截面大得多，可达几十倍。氘—氘核聚变反应对于氘—氘等离子体所需的温度是可以实现的，大约从几千万摄氏度到几亿摄氏度，而氘—氦-3聚变对于氘—氦-3等离子体的温度要求更高，目前加热技术和等离子体控制技术还不能够达到该温度。

月球上的氦-3来源

小贴士

月球上的氦-3来自太阳风。太阳风由90%的质子（氢核）、7%的高能粒子（氦核）和少量其他元素的原子核组成，氦-3正是太阳风中的高能粒子。月球上没有磁场的干扰和大气层的阻隔，太阳风粒子流能直达月球表面，被月球上的岩土所"吸附"。月球形成已经40多亿年，由于流星和微流星的频繁撞击，月球上的岩土不断翻腾、溅射，在纵向和横向上充分混合，"吸附"了氦-3的岩土也变得越来越厚。在月海地区至少有9~10米厚，在月陆地区也有4~5米厚。

此外，目前的航天技术也很难在月球上开采氦-3并运回地球，所以种种困难导致氦-3核聚变实现商业化造福于人类还尚有时日。但是科技一直在不断地发展和创新，科学家们相信这些困难都是可以被克服的。如果能够把世界最先进的科研力量聚合起来，并且提供足够的资金支持，那么对月球采矿及氦-3核聚变商业化等伟大工程的实现值得期待。

三　月球氦-3开采计划

据科学家测算，月球上有可供人类使用近万年的氦-3能源，但是，人类如何对月球上氦-3能源进行开采并运送到地球呢？科学家也给出了相应计划。

首先，需要做的是在月球上建造一个能源开采基地；然后，可以用专业的机械工具收集月球表面上的土；再次，将这些土加热，使其温度达到600℃，就能从中分离出气体氦；最后，通过一系列工艺从氦中分离出所需的氦-3。

为了便于把开采到的氦-3运回地球，就需要通过专门的设备将氦-3气体液化。通过航天飞机来将液化的氦-3输送到地球，航天飞机一昼夜输送的氦-3质量能达到20吨，这样看来航天飞机飞四五次就能满足全球每年的所需，且航天飞机每次飞行需花费2.5亿～3亿美元，所以月球中的氦-3具有巨大的开发利用前景。虽然氦-3获取的一系列工艺（开采、运输）都非常复杂，需要花费很大的劳动力，消耗的资金也十分巨大，但这些都是人类可以实现的。相较核电站发电的成本，开发月球氦-3发电的成本只是其发电成本的1/10。

四　核聚变技术研究成果

由于核聚变具有产生能量巨大、污染小等优点，各发达国家积极制定详细的中长期核聚变研究战略，争取早日把核聚变技术用于商业用途，用以解决能源危机并造福人类。

对于获得核聚变所需温度，科学家利用超高强度的激光在极短时间内照射氘、氚的混合气体。气体由于受到挤压，温度急剧上升，当温度达到点火温度时，气体便会发生爆炸，产生大量热能。美国、法国等国已经开始动工建造规模更大的激光发射器，正在努力实现具有可操作性的激光"点火"。

因为核聚变反应的产物多是带电粒子，所以可以使用超强磁场来控制带电粒子的运动特性。可行性较高的模型就是托卡马克型环形磁场，当前世界上可控核聚变的相关研究主要就集中在这一方面。

苏联首先提出使用托卡马克装置对等离子体进行磁约束，进而产生核聚变能量，并于1958年制造出世界首台托卡马克核聚变装置（见图4-9）。托卡马克装置发电的基本原理是在等离子体周围设置氚增殖层，增殖层主要由锂元素（Li-6）组成，在增殖层还设置了传热系统将等离子体辐射热量和增殖层核反应热量取出带到外部供发电使用。托卡马克核聚变装置的优点在于结构简单，只有一套线圈系统，且可以设置为超导线圈，环结构使其不需要考虑等离子体终端散失的问题。正是因为这些优点，世界上建造了大大小小两百多个托卡马克装置来对可控核聚变进行研究。

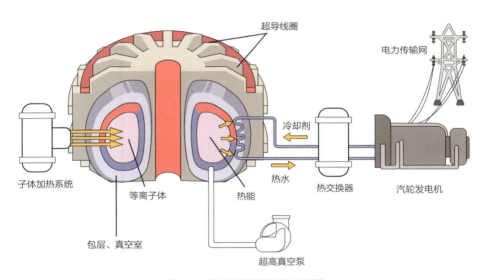

图4-9 托卡马克装置工作原理图

中国政府制定了聚变能开发战略，将战略划分为"聚变能技术、聚变能工程、聚变能商用"三个阶段，并同期设定了比较清晰的近、中、远期目标。2018年11月12日，中国科学院等离子体所发布消息，中国全超导托卡马克核聚变试验装置——"人造太阳"项目获得重大突破，首次实现加热功率超过

1万千瓦，等离子体的储能有了明显提高，可以达到300千焦。在电子回旋与低杂波共同加热时，等离子体中心电子温度可以增加到1亿℃，有了很大的技术突破，且在过程中得到的实验参数范围可以满足未来的聚变堆稳态运行模式下所需的物理条件，是人类朝着实现未来聚变堆稳态运行的方向迈出的成功一步。

第四节 ✦ 细菌发电：新陈代谢之能

在人们的认知中，细菌是导致很多疾病的罪魁祸首。但是人们可能想不到，可以用细菌来发电。例如一些污水处理厂既用细菌处理污水，又用细菌进行发电。可以想象，如果把细菌发电的功率提高到理想值，大范围普及该项技术，那么人们就能够在获得电力能源的同时，解决垃圾污染问题。目前，许多细菌电池已经被研制成功，如尿液细菌电池、太阳能细菌电池、综合细菌电池等。下面就来领略细菌发电的无穷魅力吧！

一 细菌发电简介

细菌发电即利用细菌作为介质，通过细菌的新陈代谢产生能量进行发电。历史可追溯到1910年，英国的植物学家马克·皮特在细菌的培养液中检测到电流。接下来他首先将铂作为电机，然后将细菌放入培养液中，从而制作出了世界上第一个"细菌电池"，该电池能够产生直流电。

1984年，美国研究人员设计出一种使用宇航员尿液作为细菌发电原料的细菌电池，从而使宇航员在太空中可以获得日常使用的电力。

20世纪80年代末，细菌发电有了突破性进展，科学家通过在电池组里对分子进行分解，释放出的电子向阳极运动，由此产生电能。为了提高系统输送电子的能力，在实验时还在糖液中加入了芳香化合物，除此之外还通过充入空气来对培养液进行搅拌，这种形式的细菌发电效率可达40%，尽管效率已经很高，但研究表明细菌发电的效率还可以再提高10%。

细菌发电的原理是让细菌在电池组里分解分子，以释放出电子向阳极运动产生电能（见图4-10）。计算表明当细菌发电站功率为1000千瓦，需要1000米³体积的细菌培养液，且每小时消耗200千克糖。这种电站是一种不污染环境的"绿色"电站。

细菌发电工艺会产生二氧化碳等气体，但与工厂产生的废气相比，它对环境的危害要低得多。此外，碳捕集与封存技术可以把细菌发电所产生的二氧化碳收集起来以避免其排放到大气中。细菌也有望成为未来的能源"新星"。

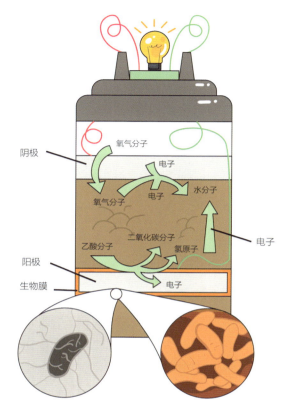

图4-10　细菌发电工作原理图

🔴 二　各式各样的细菌发电

　　经过十几年的发展，细菌发电技术已越来越成熟。细菌发电的主要原料包括葡萄糖、果糖、蔗糖、木糖等。细菌发电所用的糖完全可以用诸如锯末、秸秆、落叶等废有机物的水解物来替代，也可以利用分解化学工业废物（如无用聚合物）来发电。根据原料不同，下面介绍几种主要的细菌发电技术。

神秘的 "太空细菌"

据英国《每日邮报》报道，英国纽卡斯尔大学的科学家在英国东北部的威尔河河口发现了一种"太空细菌"。研究表明用"太空细菌"制造的微生物燃料电池的发电量是其他微生物燃料电池的两倍，从105瓦/米³到200瓦/米³。这种被称为同温层芽孢杆菌的微生物是在大气循环的作用下落到地面上的。"太空细菌"的超强发电能力给人类一个启示：寻找更强发电能力的"太空细菌"来提高细菌发电的效率。

（一）糖原料细菌发电技术

最早的"细菌电池"所用原料就是糖原料，即细菌吞噬糖后产生电力。该发电装置装满原料后，可稳定运行25天，具有成本低、性能稳定的优点。为了继续提高发电效率与降低成本，美国设计出一种综合细菌电池。在该电池中放入能够利用太阳能将二氧化碳和水转化为糖的单细胞藻类，然后再让细菌利用这些糖来发电。

日本科学家同时将两种细菌放入电池的特种糖液中，让其中的一种细菌吞食糖浆产生醋酸和有机酸，而让另一种细菌将这些酸类转化成氢气，由氢气进入磷酸燃料电池发电。

（二）有机污水原料细菌发电技术

《2014世界最具影响力的科研精英》报告展示了最新的全球最具影响力的研究人员名单，浙江大学能源工程学院教授成少安入选环境与生态学科的"高被引科学家"，入选原因则是他对成千上万种细菌的发电进行了深入研究。

美国宾夕法尼亚大学的科研人员发明出了污水发电机，发电的同时可以分解污水中的有害有机物，是更加环保的发电形式。据研究员介绍该设备的发电量还比较低，但依然有很大的发展潜力。

美国斯坦福大学的工程师设计了一种新型污水发电方式，从污水中利用潜在的电能，这种微生物电池能够在消化污水中废物的同时进行发电。

（三）重金属原料细菌发电技术

重金属原料细菌发电技术是指以重金属作为原料，利用一种能去除地下铀污染物的细菌来发电的技术。

科学家通过研究这种细菌的基因图谱，发现其有100多种基因使金属发生化学变化来产生电能。这种细菌还有更多的基因能编码不同的色素，同时还有能来回移动的蛋白质。

这种细菌一开始被认为只能在无氧的环境下生存，后来发现其可能有的基因能在有氧环境下发挥作用。这种细菌可以在深层地下水中产生电能，对环境清洁作用将更大。

（四）太阳能细菌发电

科学家们发现，有些细菌可以将太阳能直接转化为电能。近来，美国科学家在死海和大盐湖发现了一种嗜盐杆菌，这种细菌含有一种紫色色素，当将10%被接受的阳光转化为化学物质时，这种色素会产生电能。科学家们用它们制造了一种小型的实验性太阳能细菌电池，结果证明它可以用嗜盐细菌发电，用盐代替糖，其成本也大大降低。

≡ 细菌发电前景

细菌发电具有较高的经济效益。2008年，美国一家污水处理厂安装了微生物能源系统，项目总投资约800万美元，每年污泥处理能力降低25%～30%，处理成本节约40万美元，年发电量约300万千瓦时，节约40万美元。根据美国的产业政策，包括为减少甲烷排放而节省的罚款，总投资可以在4年左右收回。

中国保守估计每年废水排放总量为400亿吨，其中含有大量能量，但能量回收却很少。将污水中的能量进行二次利用将是一笔巨大的环保财富。利用细菌作为发电媒介，可以用来制造高效的生物燃料电池，在没有电池使用或无法充电的时候，这些生物燃料电池就会派上用场。总而言之，细菌发电有着广阔的发展前景。

第五节 ✦ 磁流体发电：流动电力之源

传统的火力发电是通过汽轮机带动发电机进行发电，这样在推动发电机发电的同时，会有一部分能量的损失，从而降低发电效率。现有一种新型高效的发电方式：利用燃料燃烧得到高温等离子气体，其中燃料可以是传统燃料石油、天然气、煤炭、核燃料等，并让等离子气体高速通过给定磁场，切割磁场线，从而产生感应电动势，即由热能直接转换成电能，因为没有经过机械转换这一环节，所以被称作"直接发电"，其燃料利用率大大提升，这种发电方式被称为磁流体发电。

一 磁流体发电简介

在日常生活中，人们可以发现，加热能够使一个呈固态或液态的物体转变为气态。当对气态物体继续加热时，其中大量的分子会被分解成正离子、电子和不带电的中性粒子，但整体上仍然是呈电中性的电离气体，该气体被称为等离子体。由于等离子体内存有大量电子，所以等离子体是良好的导体。

所谓磁流体发电技术其实就是把等离子体高速通过预设磁场，切割磁感线而产生电流的技术（见图4-11）。商用磁流体发电是指把燃料（石油、天然气、煤炭、核能等）直接加热成容易电离的气体，使其在2000℃的高温下电离成导电离子流，然后根据电磁感应定律，让高速气流在磁场和切割线中流动，在磁选作用下等离子体粒子的正负向聚集，聚集在磁力线平等的两个面上（见图4-12）。电位是由电荷积累而产生的，通过在磁流体流动通道中安装与外部载荷相连的电极，可以产生电能。整个过程从热能直接转化为电流，而不经过机械转换环节，燃料效率显著提高。

磁流体发电过程中，由于需要把气体加热到2000℃，所以该过程的热效率只能达到20%左右，但把磁流体发电的尾气用于推动汽轮机继续发电时，整体热效率能够达到50%～60%，所以一般磁流体发电都会采用磁流体-蒸汽联合发电方式（见图4-13）。

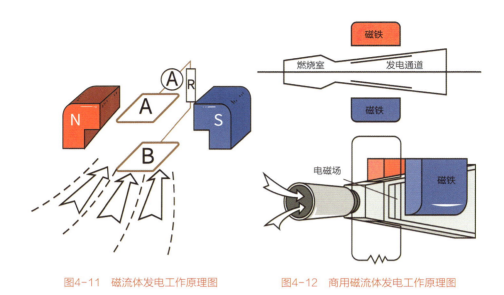

图4-11　磁流体发电工作原理图　　　　图4-12　商用磁流体发电工作原理图

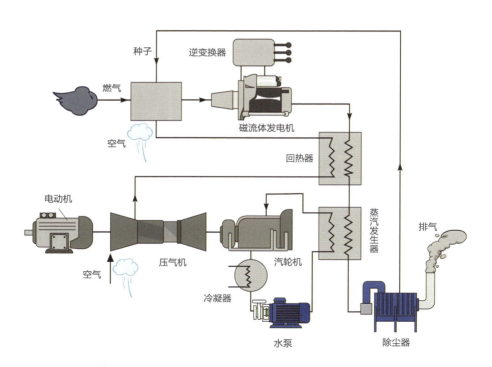

图4-13　磁流体-蒸汽联合循环系统发电工作原理图

在磁流体电站运行过程中，为保证高温气体电导率达到要求，需在高温、高速的条件下，加入占总量1%左右的容易发生电离的物质（一般为碳酸钾），利用非平衡电离原理的方式来提高电离度。当裂变反应堆用作热源时，大部分工作介质是惰性气体（例如氦气），铯被用作种子材料。由于反应器固体元素材料的限制，工作介质的温度远不能达到电离状态。为了增加电导率，通常采用非平衡电离效应（例如具有高频电场的电离，其中电子的温度高于离子和中性粒子的温度）。此外，工作介质还可以是液态金属和气体或液态金属及其蒸气的混合物。

磁流体发电及其综合应用

按照循环类型的不同，磁流体发电可分为两类：开环磁流体发电和闭环磁流体发电。

开环磁流体发电中，工质在燃烧室中燃烧产生高温等离子体，通过排气喷嘴高速释放，工质穿过磁场发电，再通过辅助装置驱动汽轮发电机组，最后由净化装置将种子回收。闭环磁流体发电使用液态金属或氦、氩等惰性气体为工质，加入铯或别的金属为种子，通过换热器将工质加热后再穿过磁场发电。中国的燃煤磁流体发电装置都属于开环磁流体发电装置。

二 磁流体发电优点

1. 效率高

磁流体发电环节后，排放气体温度高达2000℃。气体可以用来加热传统发电厂的锅炉以产生蒸汽，推动汽轮机带动发电机发电以产生二次发电。电站热效率利用率可达60%，比现有电站高10%和20%，节省燃料30%。因此，联合发电系统将是传统发电厂改造的方向。

2．污染少

传统燃煤电站排放一定量的二硫化硫和氮氧化合物气体，是酸雨的主要排放来源。另外，传统热电厂冷却水的排放一方面会造成热量损失，另一方面会造成热污染，对生态环境产生影响。当使用开环磁流体发电系统发电时，加入一定量的钾盐作为催化剂，钾和硫在一起反应，形成硫酸钾，起到脱硫的作用，避免了硫化物向空气中的排放，减少了对空气的污染。

3．快速启动

由于转子体积大、质量大，传统的火电厂需要较长的启动时间和停机时间，磁流体发电装置不需要转子等部件，因此发电装置的启动和暂停相对较快，系统的稳定性较好。

4．节约水资源

磁流体发电的冷却水可以在蒸汽部分进行再利用，从而大大降低了用水量，节约了水资源。通过理论计算，得出与常规电厂相比，磁流体发电可节约三分之一水的资源。

☰ 磁流体发电面临的问题

1．高温问题

为了使气体充分热电离，必须在磁流体发电中应用2000℃以上的高温。因此，为了尽可能减少燃烧室的热损失，保证高燃烧效率，该技术对燃烧室的结构和材料提出了更高的要求。

2．超导电性问题

为了获得更高的输出功率，磁场强度是磁流体发电的关键，超导体的磁感应强度可达5特斯拉以上，基本不消耗电能。因此，为了产生更多的功率，必须使用超导体，并增加对超导体相关技术的研究。

3．通道排渣问题

燃煤磁流体发电燃烧过程中，燃烧室内形成的灰渣将随着气流进入发电通道，这部分灰渣必须清除，否则会极大影响发电通道的性能和寿命。因此，要将燃煤磁流体发电应用于实际，必须解决通道排渣问题。

（四）　研究历史及现状

美国最早对磁流体发电技术进行研究，但美国早期以研究短时间军用磁流体发电为主。20世纪60年代初，美国开发了一套1.8万千瓦和3.2万千瓦的磁流体发电机组，工作时间仅为1分钟。试验还证实了用磁流体产生大型发电机组的可行性。自1988年以来，美国还开始实施POC（概念验证）方案，以便早日建成燃煤磁流体和蒸汽联合循环示范电站。

受磁流体高效、低污染等优点的吸引，世界上很多国家也热衷于磁流体发电技术的研究。日本和苏联都将磁流体发电列入了国家重点能源项目，并取得了显著的成果。日本超导磁场的磁流体发电装置已投入使用，其磁场强度为50000高斯（即5特斯拉）。1971年，苏联建设了磁流体-蒸汽联合循环试验电站，装机容量7.5万千瓦，其中磁流体电机容量为2.5万千瓦。1986年，苏联开始建设世界上第一座50万千瓦的磁流体联合电站，电站使用的燃料是天然气，既能供电，又能供热，比一般火力发电厂节省20%的燃料。

1962年，中国开启了对磁流体发电的研究，先后在北京、上海、南京等地建成了试验基地，主要进行的是关于燃油磁流体发电的研究，在"国家高科技研究发展计划"（863计划）中，它被视为能源领域的两个研究主题之一，以便在短时间内赶上世界先进水平。考虑到煤炭作为中国主要能源，中国于1982年转向对燃煤磁流体发电的研究。进入21世纪后，中国磁流体发电的研究也开始转向包括爆炸磁流体发电、高超声速飞行器进气道流量控制、空间核能磁流体发电等多种应用研究。随着受控热核反应研究的进展，聚变反应-磁流体发电有可能成为21世纪电站的主要发电形式。

结语

　　纵观人类发展史，每一次社会文明的重大进步都伴随着能源利用形式的改进和发展。瓦特改良蒸汽机后，蒸汽动力取代人力，解放了双手，人们骄傲地享受着第一次工业革命带来的狂欢，曾一度以为人类已经达到了科技的巅峰。然而，人类对能源科技进步的追求并没有止步于此。1831年，英国人法拉第将磁铁插入线圈得到了电流，发现了电磁感应现象，并发明了世界上第一台发电机——法拉第圆盘发电机，实现了机械能向电能的转换，由此拉开了第二次工业革命的序幕。1875年，世界上第一座燃煤电厂在法国巴黎北火车站建成并开始为附近照明设备供电，标志着人类进入了"电气时代"。

　　直到今日，电力仍然是人类最重要的能源利用形式之一，并将会在相当长时期内占据主导地位。全球所有能源利用量中超过四成都是以电力为载体实现的，其中核能、水能、风能、太阳能更是接近百分之百的比例以电能形式被人类所利用。2018年，全球发电总量达到26.6万亿千瓦时，化石能源发电占比达64%，其中燃煤发电占比38%，天然气发电占比23%，非化石能源的水电占比15.8%，非水可再生能源发电占比10%。未来非化石能源发电占比将持续提升，到2040年可能达到50%，可再生能源发电平价上网的未来指日可待，人类在清洁低碳的电力发展之路上阔步向前。

　　从全球范围来看，当今电力发展呈现出低碳化、分布化和智能化的总体趋势。低碳化具体表现在燃煤发电的提效、碳捕集技术的迅速发展、天然气发电份额的逐步提升、以风力发电和太阳能发电为主要代表的可再生能源的迅猛增长等各个方面。分布化主要表现在传统集中式发电并连接大型电网的系统，向分布式电力生产、输送和消费系统的不断转变，能源互联网和泛在物联网的理念被越来越多的人所接纳。智能化则主要表现在智能发电技术和多能互补高效耦合电力系统的迅猛发展与应用。

　　从1882年上海亮起第一盏灯到2018年全国发电量达到6.8万亿千瓦时。中国的电力行业发展同样日新月异、令人瞩目。改革开放40年以来，全国电力装机容量增长了32.8倍，发电量增长了26.5倍，电力的高速发展支撑了中国经济的快速腾飞。从结构上看，新中国成立前45年中，始终是燃煤发电和水力发电两分天下。现如今中国发电装机容量中，燃煤发电占比55%，水力发电占比19%，风力发电占比10%，太阳能发电占比9%，燃气发电占比5%，核能发电占比2%，发电结构更多元、更合理，能源消费更清洁、更集约。

中国的电力生产也一直前进在更安全高效、更清洁低碳、更灵活智能的发展道路上，这与全球范围内的电力发展一样。在"富煤、贫油、少气"的中国，燃煤发电举足轻重，燃煤发电的清洁发展至关重要。在中国，更高参数、更新型式的发电机组不断涌现。国家能源集团泰州电厂百万千瓦超超临界二次再热机组发电效率高达47.82%（普通燃煤机组发电效率一般在35%~40%），每发1千瓦时电只需要消耗266.3克标准煤，比全国平均煤耗低40克以上。中国已建成全球最大的清洁燃煤发电供应体系，70%燃煤发电机组实现超低排放，达到了天然气发电排放标准限值，远低于美国、欧洲各国、日本和澳大利亚等国家。为了实现在《巴黎协定》中的庄严承诺，中国燃煤发电正在寻求低碳化的可持续发展之路，主动开发碳捕集技术，积极开展工程实践，力争发电过程中阻止二氧化碳排放到大气中。为了消纳更多间歇性可再生能源，中国的火力发电机组正在拓展自身的低负荷灵活性运行能力，目前可以在30%~100%负荷范围内灵活运行。第四次工业革命将工业智能化发展推向高潮，智能发电的发展方兴未艾，正在路上。

未来可再生能源发电将在中国的电力发展中扮演重要角色，这与全球发展趋势一致。中国可再生能源发电以风力发电、光伏发电为重点，兼顾地热、潮汐、生物质能发电等多种形式，实现了从小到大、从弱到强的跨越式发展，走过了一条不平凡的成长之路。2008年中国风力发电装机容量突破1000万千瓦，2009年突破2000万千瓦，2010年突破4000万千瓦，先后超越丹麦、德国和美国，成为世界第一风力发电大国，创造了风力发电发展史上的中国速度。高海拔、低风速地区和海上风电等一系列核心技术不断取得重大突破。截至2018年，中国风力发电装机容量已达1.8亿千瓦，光伏发电装机容量达1.7亿千瓦，均居世界首位，光伏组件产量占全球70%以上。

对于发电，人类需要思考能量转换的科学与工程问题。理论上讲任何能量都可以转换为电能，例如噪声发电、雨水发电，人们甚至可以脚踩单车，收集下水管道中水流动能，利用汽车减速带中的振动能量等来发电。甚至每家每户都可以建一个微型发电厂，安装小型风力发电机和太阳能光伏发电机，发电量不够时从电网直接购买，发电量富余时把多余的电量卖给电网，但是要考虑电网稳定性、投资和维护成本，以及政策等诸多因素的影响。

对于发电，人类还需要创新思维的启发。夏日打开电风扇后，吹来习习凉风，我们有没有从原理上想过，风扇和风力发电机之间的关系，两者其实就是风能和电能之间互相转换的两个典型过程，请试着把家里的小风扇改成一个小型发电机吧。水泵和水轮发电机之间也是一样，抽水蓄能电站的基本思想就是把多余的电用来蓄水，需要时再放水发电。我们有没有想过，可以用其他工质来尝试代替传统火力发电中的水蒸气做功，例如超临界二氧化碳具有更低的沸点、更小的体积、更低的流动阻力、更高的能量密度。

对于发电，人类需要懂得感恩和珍惜。电，如同空气和水，在当代人们生活中不可或缺。发电的背后是每一名电力员工的默默奉献，电力生产全年365天，每天24小时，时时刻刻都在进行。电力生产一线的运行人员、调度人员全年轮岗轮值，容不得分秒的懈怠和失误。目前，仍有近100个国家未实现100%供电，全球还有10亿人用不上电，我们要珍惜每千瓦时电的来之不易。

对于发电，人类需要保护生态，可持续发展。良好的生态环境是人类生存与健康的基础。"绿水青山就是金山银山"，应继续加大对传统火力发电的超低排放投入力度，并在燃煤发电低碳化方向继续加大科技创新，寻求高效低廉的碳捕集、利用和封存技术，在利用化石能源的同时减少污染排放。同时应坚定不移地快速发展可再生能源发电技术，重点在低风速风力发电、海上风电、化光伏发电和新能源电力系统稳定性等方面加大投入力度，提升可再生能源发电占比，切实消除因风光资源不稳定性导致的弃风弃光现象。应科学有序开发大型水电，严格控制中小水电，加快建设抽水蓄能电站。坚持安全发展核能发电的原则，加大自主核电示范工程建设力度，着力打造核心竞争力，加快推进沿海核能发电项目建设。电力的发展必须走循环经济之路，为子孙后代考虑。

科技的进步和创新是没有极限的，电气化和信息化使得人们动动手指，一条短信瞬间漂洋过海，越过千山万水，代替了曾经风靡世界的电报。汽车、高铁、飞机更是将人们的生活半径不断拓展。智能手机、智能穿戴、智能家居、智能发电、智慧城市、智慧交通等概念已经耳熟能详。云计算、大数据、物联网、移动互联网和人工智能这些新生事物已悄无声息地走进我们的生活，并深刻地改变着我们的生活方式。发电行业的智能化建设也已经如火如荼地开展起来。未来我们的发电厂将更加智能，将根据对风光资源以及用电负荷的自动预测来自我组织发电过程，自主寻求最为高效的发电参数，自主预报并恢复可能出现的各类故障。就像智能机器人一样，也许未来整个发电厂就不需要人为的操作了，原本24小时全天候工作的电力工人就不用那么辛苦了，让我们一起期待。

　　未来已来，将至已至。伴随着民族复兴的脚步和国家社会的进步，智能发电、智慧能源的时代已经到来，未来的发电必将更安全、更高效、更清洁、更低碳、更灵活、更智能。我们面对的是广阔无比的全新舞台，需要迎接新的挑战和机遇。不同的年龄，不同的岗位，有着不同的责任和担当，让我们胸怀责任、牢记使命、肩扛重任，做自立、自强、自信的时代弄潮儿，在伟大时代尽情书写美好未来！

附录　电力之最

一、燃煤发电之最

1875年，法国巴黎北火车站建成世界第一座火电站，为附近的照明供电。

1882年，在上海建成一台装有12千瓦直流发电机的火电站供电灯照明，这是中国最早的火力发电站。

1956年，世界第一台二次再热机组在德国投产。

1957年，世界第一台超超临界机组在美国俄亥俄州投产。

1992年，中国第一台超临界机组在上海石洞口电厂投产。

1994年，世界第一台煤炭气化发电装置在荷兰比赫纳投产。

2006年，中国第一台超超临界机组在浙江玉环电厂投产。

2015年，国家能源集团泰州电厂3号机组投产，这是世界首台百万千瓦超超临界二次再热燃煤发电机组，也是世界综合指标最好的机组。

世界上最大的燃煤电站是中国大唐国际托克托电站，装机容量672万千瓦，位于中国内蒙古自治区。

二、水力发电之最

1878年，世界第一座水力发电站在英格兰诺森伯兰郡拉格塞德投入运行，为一家乡村酒店提供照明。

1882年，世界上第一座服务于私人用户和商业的水力发电站在美国威斯康星州建立。

1891年，德国制造出世界上第一个三相水力发电系统。

1905年，中国台湾地区建成500千瓦的水力发电站。

1912年，中国内陆地区第一座水电站在云南省石龙坝水电站投运。

1942年，装机容量为194.7万千瓦的大古力水电站在美国华盛顿州建成，成为当时世界上最大的水力发电站。

　　目前，世界上最大的发电站是中国三峡水电站，该发电站采用了32台混流式水轮机，每台70万千瓦，另外还有2台5万千瓦涡轮机发电，装机容量共计2250万千瓦。

三、风力发电之最

　　1887年，世界上第一台用于发电的风力机在美国俄亥俄州克利夫兰搭建，功率仅12千瓦。

　　1939～1945年，丹麦首次投入使用少叶片风力发电机。

　　1950年，丹麦制造出第一台交流风力发电机。

　　世界上最大的单体风力发电机位于丹麦，这台风力发电机全部高度达220米，风轮的直径也达到164米，电力输出的最大功率达8000千瓦。

　　世界上最大的陆地风力发电场是中国甘肃酒泉风电基地，2009年开始建造，额定装机容量796.5万千瓦，最终计划装机容量20吉瓦。

　　截至2018年底，已建成世界最大的海上风电场The Walney Extension，装机容量达65.9万千瓦。

　　Hornsea One是在建的世界上最大的海上风电场，装机容量达1.2吉瓦。

四、核能发电之最

　　1951年，美国实验增殖堆1号首次利用核能发电。

　　1954年，苏联建成世界上第一座5000千瓦实验性石墨沸水堆奥布宁斯核电站，并首次利用核能发电。

　　1957年，美国建成希平港压水堆核电厂；1960年，建成德累斯顿沸水堆核电厂，为轻水堆核能发电的发展开辟了道路。

　　1991年底，中国自主设计建造的秦山核电厂30万千瓦压水堆核能发电机组并网发电，1994年4月投入商业运行。

　　世界上最大的核电站是处于停工状态柏崎刈羽核电站，建在日本柏崎，属于东京电力公司。电站有7台机组，总装机容量821.2万千瓦。1984～1989年建成5台110万千瓦沸水堆机组；1990～1992年建成2台先进的135.6万千瓦沸水堆机组。

　　世界上实际运行的最大的核电站布鲁斯核电站，位于加拿大安大略省布鲁斯郡，装机容量638.4万千瓦。

五、燃气发电之最

1872年，德国施托尔策设计了一台燃气轮机，但无法脱离起动机独立运行。

1905年，法国勒梅尔和阿芒戈制成第一台能输出功的燃气轮机。

1920年，德国霍尔茨瓦特制成第一台实用的燃气轮机，其功率为370千瓦。

1940年，世界上第一个以天然气为动力的发电涡轮在瑞士的发电厂出现。

苏古特-2电站是世界上最大的燃气电站，位于俄罗斯西伯利亚鄂毕河边。2011年电站扩建，增加两个40万千瓦，加上原有的480万千瓦，装机容量达559.7万千瓦。

六、燃油发电之最

最大的燃油电站是舒艾拜发电及海水淡化厂，采用燃油联合循环装置，装机容量560万千瓦，用于海水淡化。

七、光伏发电之最

1954年，美国贝尔实验室首次制成了实用的单晶硅太阳电池。

1958年，中国研制出首块硅单晶半导体。

2007年，中国成为生产太阳电池最多的国家，产量达到108.8万千瓦。

世界上最大的光伏电站是中国龙羊峡水光互补光伏电站，装机容量达85万千瓦。

八、海洋能发电之最

世界上最大的潮汐电站是韩国始华湖潮汐电站，装机容量为25.4万千瓦，2011年建成。

中国最大的潮汐电站是江厦潮汐电站，位于杭州南部，装机容量3200千瓦，1985年开始运行。

世界上最大的波浪发电站是葡萄牙阿古萨多拉波浪场。电站设计为三个海蛇波浪能转换器将海面上的波浪能运动转化为电能，其总装机容量为2250千瓦。

参考文献

[1]（美）Craig R. Roach著. 电的科学史：从富兰克林的风筝实验到马斯克的特斯拉汽车[M]. 胡小锐译. 北京：中信出版集团，2018.

[2] 唐必光. 燃煤锅炉机组[M]. 北京：中国电力出版社，2003.

[3] 武民军. 燃煤发电的生命周期评价[D]. 太原理工大学，2011.

[4] 王树民，徐会军，康淑云. 神奇的煤炭[M]. 北京：煤炭工业出版社，2018.

[5] 韩文科. 煤电超低排放：机遇与挑战[J]. 环境保护，2016，44（8）：39-41.

[6] 袁家海，徐燕，纳春宁. 煤电清洁高效利用现状与展望[J]. 煤炭经济研究，2017，37（12）：18-24.

[7] 唐飞，董斌，赵敏. 超超临界机组在中国的发展及应用[J]. 电力建设，2010，31（1）：80-82.

[8] 朱宝田，周荣灿. 进一步提高超超临界机组蒸汽参数应注意的问题[J]. 中国电机工程学报，2009（S1）：95-100.

[9] 康艳兵，张建国，张扬. 中国热电联产集中供热的发展现状、问题与建议[J]. 中国能源，2008，30（10）：8-13.

[10] 冯建昆，何耀华. "三江"水能开发与环境保护[M]. 北京：社会科学文献出版社，2006.

[11] 林静. 大自然给人类的礼物：能源[M]. 北京：中国社会出版社，2012.

[12] 田中兴. 中国小水电60年[M]. 北京：中国水利水电出版社，2009.

[13] 曹善安. 抽水蓄能式水电站[M]. 大连：大连理工大学出版社，2011.

[14] 彭祥，胡和平. 水资源配置博弈论[M]. 北京：中国水利水电出版社，2007.

[15] 罗小勇. 西部大开发与水资源保护[M]. 北京：中国水利水电出版社，2008.

[16] 王毅. 智慧能源[M]. 北京：清华大学出版社，2012.

[17] 陈家远. 中国水利水电工程[M]. 成都：四川大学出版社，2012.

[18] 汤鑫华. 论水力发电的比较优势[J]. 中国科技论坛，2011，100（10）：63-68.

[19] 康宁. 无限的原始能源：风能[M]. 北京：北京工业大学出版社，2015.

[20] 李代广. 风与风能[M]. 北京：化学工业出版社，2009.

[21] John Twidell，Gaetano Gaudiosi著. 海上风力发电[M]. 张亮，白勇译. 北京：海洋出版社，2012.

[22] 牛山泉著. 风能技术[M]. 刘薇，李岩译. 北京：科学出版社，2009.

[23] Jhon Tabak著. 风能和水能：绿色与发展潜能的缺憾[M]. 李香莲译. 北京：商务印书馆，2011.

[24] 康宁. 丰富和恒久的能量：太阳能[M]. 北京：北京工业大学出版社，2015.

[25] 李代广. 太阳能揭秘[M]. 北京：化学工业出版社，2009.

[26] 黄明哲. 动力无限：新能源的崛起[M]. 北京：中国科学技术出版社，2012.

[27] 黄其励. 太阳能——金色的能量[M]. 北京：中国电力出版社，2016.

[28] 苏山. 新能源基础知识入门[M]. 北京：北京工业大学出版社，2013.

[29] 李健. 可再生能源[M]. 北京：化学工业出版社，2016.

[30]（美）Alireza Khaligh，Omer C. Onar著. 环境能源发电：太阳能、风能和海洋能[M]. 闫怀志，卢道英，闫振民等译. 北京：机械工业出版社，2013.

[31] 刘志坦，王文飞. 中国燃气发电发展现状及趋势[J]. 国际石油经济，2018，26（12）：43-50.

[32] 宋臻达. 中国燃气轮机发电技术的现状与市场趋势[J]. 技术与市场，2016，23（11）：116.

[33] 金红光. 能的梯级利用与总能系统[J]. 科学通报，2017，62（23）：2589-2593.

[34] 武魏楠. 燃机国产化的昨天与明天[J]. 能源，2018，120（Z1）：183-185.

[35] 李孝堂，侯凌云，杨敏. 现代燃气轮机技术[M]. 北京：航空工业出版社，2006.

[36] 郑民，李建忠，吴晓智，等. 中国常规与非常规天然气资源潜力、重点领域与勘探方向[J]. 天然气地球科学，2018，29（10）：1383-1397.

[37] 范照伟. 全球天然气发展格局及中国天然气发展方向分析[J]. 中国矿业，2018，27（04）：11-16+22.

[38] 张效伟，朱惠人. 大型燃气涡轮叶片冷却技术[J]. 热能动力工程，2008（01）：1-6+103.

[39] 杜伟娜. 未来能源的主导：核能[M]. 北京：北京工业大学出版社，2015.

[40] 何能. 核知识读本[M]. 北京：经济日报出版社，2011.

[41] 李日，马加群. 走进核电[M]. 杭州：浙江大学出版社，2015.

[42] 周明胜，田民波，俞翼阳. 核能利用与核材料[M]. 北京：清华大学出版社，2016.

[43] 肖钢，纪钦洪. 生物能源：阳光与大地的恩赐[M]. 武汉：武汉大学出版社，2013.

[44] 邢运民，陶永红，张力. 现代能源与发电技术[M]. 西安：西安电子科技大学出版社，2015.

[45] 陈福民. 甲醇燃料电池[J]. 今日科技，2003（8）：49-49.

[46] 谢晓峰. 燃料电池技术[M]. 北京：化学工业出版社，2004.

[47] 本间琢也，上松宏吉. 绿色的革命：漫话燃料电池[M]. 乌日娜译. 北京：科学出版社，2011.

[48] 杜伟娜. 可再生的碳源：生物质能[M]. 北京：北京工业大学出版社，2015.

[49] 葛鹏超. 生命的能源——地热能[M]. 北京：北京工业大学出版社，2015.

[50] 胡南，胡炳全. 当煤和石油烧完了怎么办[M]. 重庆：重庆大学出版社，2009.

[51] 陈铮，陈敏曦. 多能互补集成优化发展和前景[J]. 中国电力企业管理，2017（28）：17-19.

[52] 钟迪，李启明，周贤，等. 多能互补能源综合利用关键技术研究现状及发展趋势[J]. 热力发电，2018，47（02）：1-5+55.

[53] 刘秀如. 中国多能互补能源系统发展及政策研究[J]. 环境保护与循环经济，2018，275（07）：5-8.

[54] 叶琪超，楼可炜，张宝，等. 多能互补综合能源系统设计及优化[J]. 浙江电力，2018，37（07）：5-12.

[55] 黄明哲. 科学素质大话能源[M]. 北京：科学普及出版社，2008.

[56] 吴占松，马润田，赵满成. 生物质能利用技术[M]. 北京：化学工业出版社，2010.

[57] 王革华. 新能源概论[M]. 北京：化学工业出版社，2006.

[58] 杨广军，朱焯炜. 你的未来不是梦——能源与可持续发展[M]. 上海：上海科学普及出版社，2011.

[59] 李庆军，邓子辰. 空间太阳能电站及其动力学与控制研究进展[J]. 哈尔滨工业

大学学报，2018，50（10）：1-19.

[60] 徐菁. 太空电站离我们有多远？——四位院士共话空间太阳能发电技术[J]. 国际太空，2014（10）：1-5.

[61] 李忠东. 从太空收集太阳能[J]. 太阳能，2015（07）：67-68.

[62] 侯欣宾，王立. 未来能源之路——太空发电站[J]. 科技创新导报，2014，11（30）：4-7.

[63] 李依真. 地球的梯磁发电和环电流球带研究[J]. 洛阳师范学院学报，2016，35（11）：25-28.

[64] 王清政，高生平，李会，等. 磁能发电技术理论研究[J]. 科技创新导报，2018，15（33）：63-64+66.

[65] 任德鹏，李青，许映乔. 月球基地能源系统初步研究[J]. 深空探测学报，2018，5（06）：561-568.

[66] 刘辉. 未来新能源——月球氦-3[J]. 中国电力教育，2014（25）：94-95.

[67] 阎师，陈辉，袁勇，等. 月球资源原位利用进展及展望[J]. 航天器环境工程，2017，34（02）：120-125.

[68] 侯欣宾，王立. 未来能源之路——太空发电站[J]. 国际太空，2014（05）：70-79.

[69] 林琪. 细菌加污水等于清水加电流？[J]. 环境，2014（11）：69-71.

[70] 白兰. 向细菌要电力[J]. 太阳能，1998（01）：31.

[71] 吴昶，牛蕊，苏在滨，等. 磁流体发电技术进展研究[J]. 中外企业家，2019（06）：139-143.

[72] 朱慧林. 论磁流体发电技术与展望[J]. 科技创新与应用，2017（10）：93-97.

[73] 郑敏，梁文英. 磁流体发电技术[J]. 青海师范大学学报（自然科学版），2010，26（04）：25-27.

特别说明：正文图片图2-5、图2-6、图2-13、图2-20、图2-21、图2-24、图2-29、图2-32、图2-64、图2-65、图2-66、图3-6、图3-7由鹏苊科艺制作、提供。